双書⑧・大数学者の数学

ガロア
偉大なる曖昧さの理論

梅村 浩

現代数学社

エヴァリスト・ガロア (1811-1832)

まえがき

　数学者ガロアの名前は知っていると言われる方も多いと思われる．通説によれば，高校生位の年齢で歴史に残る業績を挙げながら，世に認められず，恋愛事件が原因で決闘を行い，わずか 20 歳で生涯を終わる．

　ガロアの生きた時代は，フランス革命後の王政復古の時代であった．政権を握る保守派とフランス革命の思想の実現を追求する革新派は激しく対立し，1830 年の 7 月革命，1848 年の 2 月革命を引き起こす．政治的にはガロアが理想に燃える革新派であったことも，若者のみならず我々をも惹き付けるのであろう．

　権威によって拒否され続けた天才少年，バリケードの中の青春，恋と決闘による死，と来れば，あまりにも材料が整い過ぎていて，話題になるのも当然である．日本のみならず，本国フランスでも，いや全世界で，ガロアは一番人気のある数学者の一人である．生誕 200 年となる本年 10 月にガロアの母国フランスでは，彼の業績とその現代数学に与えた影響について，2 週間にわたるシンポジュームが行なわれ，世界各国から専門家が集まることになっている．

　本書では，ガロアの生きた時代背景と生涯，ガロア理論の基礎となる考え方，その後の発展，特に近年における非線型微分方程式のガロア理論の発展について解説する．

　ガロアの生涯，線型微分方程式のガロア理論については，参考文献，彌永昌吉 [I]，久賀道郎 [KG] の名作があるが，それらとは違う魅力が出るように工夫した．

　具体的に述べれば，本書では、従来日本で行なわれてきた解釈と違って，ガロア理論＝「曖昧さ」の理論であるという立場を

とる (第 ii 章参照). ガロアの決闘前夜の手紙から明らかなように, 欧米ではこの解釈が一般的であるようである. また線型微分方程式にとどまらず, 非線型微分方程式のガロア理論の最近の進展に言及し, 久賀道郎 [KG] のその後の発展が解るようにした. また, 第 iii 章ガロア狂詩曲では, 一般の読者にも広く興味を持って頂けるように, 数学者を巡るスキャンダル, 論争, 不安, 狂気を通じて数学者とは何か, どんな人種であるのか説明した.

「曖昧さ」の理論の基本となるのは, 次の考え方である. 科学の理論の大部分は観測とその記述の上に成り立っている. 観測方法を決めれば, それには限界がある. それがこの観測方法の「曖昧さ」である. どんなに観測の精度を上げようとも, 「曖昧さ」は無くならない. 観測の「曖昧さ」に入ったものは, ゴミであり棄ててしまうしかないように思われる. しかし, この廃棄物ともいうべきもの全体を考えると, それが構造を持っているというのがガロア理論である.

読者としては, 数学に興味を持つ高校生から大学生, 大学院生は勿論, 数学に関心を寄せる一般の方々を対象にして, 著者の個人的な体験に基づくエピソードを交えて, かき綴ったものであって, 各節のテーマもレベルも様々である. 解らないところは飛ばしても楽しめるように工夫した積もりであるので, 気楽に読んで頂ければと思う. 最後の章に読者の便宜のために, 数学の基礎知識を加えたが, 基礎知識を無視しても構わない.

本書の執筆中, 原稿を読み有益なご意見を聞かせて下さった方々, 特に竹内泰平, 斎藤克典両氏に深く感謝する. これらの方々の協力なくしては, 本書は完成しなかったであろう.

名古屋にて, 2011 年 10 月
梅村浩

目次

まえがき ………………………………………………………… i

i. ガロア (1811–1832) ……………………… 1

ブール・ラ・レーヌ ………………………………………… 2
世界一ロマンチックな数学者は誰か？ ……………………… 5
ショパンとガロア …………………………………………… 7
グラン・ゼコール …………………………………………… 12
エコール・ポリテクニーク ………………………………… 13
エコール・ノルマル・シュペリュール …………………… 15
ポリテクニーク訪問 ………………………………………… 19
ガロアの生きた時代 ………………………………………… 24
フランス革命とは何か ……………………………………… 26
フランス革命 (1789–1799) ………………………………… 27
ナポレオンの時代 (1799–1814) …………………………… 31
ガロアの生い立ち …………………………………………… 34
 ルイ・ルグラン I ………………………………………… 38
 ルイ・ルグラン II ……………………………………… 40
オーギュスト・シュヴァリエ ……………………………… 44
サン・シモン (1760–1825) ………………………………… 45
死の誘惑 ……………………………………………………… 47
 国民軍 ……………………………………………………… 47
 逮捕と入獄 ……………………………………………… 49
 自由の光 ………………………………………………… 49
死の5日前の手紙 …………………………………………… 50
決闘前夜の手紙 ……………………………………………… 51

ガロア理論とは「曖昧さ」の理論である……………………54
　　謎の決闘……………………54
　　出版されたガロアの論文……………………55
　　最後の4年間……………………56
　　ガロアの残した3つの伝説……………………57

ii．ガロア理論＝「曖昧さ」の理論……………………65
　　野口英世……………………66
　　　あなたの愛と私の愛は，違うかもしれない……………………67
　　　「曖昧さ」をどう記述するか……………………70
　　19世紀風に……………………73
　　古楽器で奏でるガロア群の例……………………75
　　　五重塔に釘を打つ……………………81
　　静かな刺客は恐ろしい……………………85
　　　豚小屋の火事……………………87
　　　火災の跡……………………88
　　ガロア拡大……………………88
　　ガロア対応……………………91
　　定規とコンパス……………………100
　　　許される操作……………………101
　　　体積が2倍である立方体の作図……………………105
　　　角の3等分……………………106
　　　円と面積の等しい正方形の作図……………………107
　　作図できる正多角形……………………107
　　　シモーヌ・ヴェイユ……………………109
　　　正7角形は定規とコンパスで作図できない……………………111
　　可能性の証明と不可能性の証明……………………112
　　5次方程式はベキ根で解けない……………………113

群を分析器にかける ……………………………………… 115
  　群をつくる元素，単純群 ………………………………… 115
  　群の元素分解，組成列 …………………………………… 115
  5次方程式は解ける …………………………………………… 118

iii. ガロア狂詩曲 …………………………………………… 121

マントヒヒと数学者 …………………………………………… 122
微分方程式のガロア理論のたどった運命 …………………… 123
スキャンダル1　誰も理解できなかった博士論文 ………… 125
  超幾何微分方程式，ピカール・ヴェッシオ理論1 ………… 127
  微分環，微分体 …………………………………………… 129
  代数群について …………………………………………… 133
  代数方程式と線型微分方程式 …………………………… 135
  ピカール・ヴェッシオ理論2 ……………………………… 137
  非線型微分方程式のガロア理論，19世紀風に ………… 139
  エルネスト・ヴェッシオ（1865-1952）から現代へ ……… 143
スキャンダル2　数学者は蛮族か？ ………………………… 144
スキャンダル3　数学における乱闘 ………………………… 146
  学士院の会合 ……………………………………………… 150
  目に見えないパンルヴェ星 ……………………………… 151
アレクサンドル・グロタンディエク ………………………… 152
非線型微分方程式のガロア理論とグロタンディエク ……… 160
天才は何も創造しない ………………………………………… 161
スキャンダル4　妄想と正気のはざま ……………………… 162
  文化と病気 ………………………………………………… 170
  人生は不定型 ……………………………………………… 172

iv. 数学の基礎 ……………………………………… 175

1. 集合と写像 ……………………………………… 176
1.1 集合 ……………………………………… 176
1.2 写像 ……………………………………… 178
1.3 像, 逆像 ……………………………………… 179
1.4 全射, 単射, 全単射 ……………………………………… 179

2. 群 ……………………………………… 180
2.1 群の定義 ……………………………………… 180
2.2 部分群 ……………………………………… 185
2.3 部分群の例 ……………………………………… 186
2.4 交代群 ……………………………………… 186
2.5 3次対称群の部分群 ……………………………………… 187
2.6 群の不変量と幾何学 ……………………………………… 189
2.7 エルランゲン・プログラム ……………………………………… 190
2.8 巡回群 ……………………………………… 190
2.9 剰余類 ……………………………………… 191
2.10 有限群の部分群の指数 ……………………………………… 192
2.11 正規部分群 ……………………………………… 193
2.12 準同型写像 ……………………………………… 197
2.13 同型写像 ……………………………………… 200
2.14 G と G/N の部分群の対応 ……………………………………… 203

3. 環および体 ……………………………………… 204
3.1 環 ……………………………………… 204
3.2 記号についての注意 ……………………………………… 205
3.3 単位要素 ……………………………………… 207
3.4 斜体と体 ……………………………………… 209
3.5 部分環 ……………………………………… 209
3.6 環準同型写像 1 ……………………………………… 209

4. 有理整数環 $\mathbb{Z}$ の合同式とイデアル ……………………… 210
5. 剰余合同式 ……………………………………………………… 216
   5.1 環準同型写像 2 ……………………………………… 217
   5.2 素イデアル ……………………………………………… 218
   5.3 有理整数環 $\mathbb{Z}$ における素イデアル ………………… 219
   5.4 体上の 1 変数多項式環 ………………………………… 222
   5.5 商体 ……………………………………………………… 225
   5.6 拡大体, 部分体 ………………………………………… 227
   5.7 体の拡大次数 …………………………………………… 237
   5.8 アイゼンシュタインの判定法 ………………………… 237
   5.9 犯人潜伏中 ……………………………………………… 238
   5.10 数学の堕落 …………………………………………… 241
   5.11 ユークリッドの原論 ………………………………… 243
   5.12 彼は既に死んでいる ………………………………… 244
   5.13 ユークリッドのアルゴリズム ……………………… 245
   5.14 計算の効率 …………………………………………… 249

参考文献 ……………………………………………………………… 250

索引 …………………………………………………………………… 252

i. ガロア（1811-1832）

i. ガロア (1811-1832)

ブール・ラ・レーヌ

　ガロアはパリ郊外の町ブール・ラ・レーヌで生まれたと，どの本にも書いてあるが，注意を要する．当時，ブール・ラ・レーヌは人口1000人に過ぎなかったので，町というより正確には村である．またガロアの父はブール・ラ・レーヌの市長であったというのであるが，これもブール・ラ・レーヌ村の村長であったというのが，より正確である．

　現在では，ブール・ラ・レーヌは人口2万人のパリ郊外の都市となっている．パリの南 10 km に位置し郊外電車 RER の B 線で簡単に行ける．パリまで数分と便利なので，ラッシュアワーには通勤客でごったがえすのは，日本でお馴みの光景である．駅の前を通る国道 D920 が町を南北に走る．この国道がルクレール将軍通り，Avenue du Général Leclerc, 昔の村の大通り La Grande Rue であり，ガロアの生家，20番地はこの通りにある．駅前には大きなスーパー，肉屋，パン屋があり，現在はパリと変わるところはない．

　ガロアの生まれた家は駅の近くにあり簡単に行けるが，国道の交通量をはじめ当時をしのぶのは容易ではない．生家があった場所を訪れて見ると，それは無くなっており，新しいビルとなっていて，保険会社が入っているのが分かる．1階と2階の間に「天才数学者エヴァリスト・ガロア (1811-1832) の家が，かつてここにあった」と書いた石の板が掛かっているが，それも見にくい．

　南隣の建物は少し古そうである．その1階はカフェとなっている．こちらの方が少しは当時のおもかげをしのべそうである．

　次にガロアの父のゆかりの村役場を訪れてみよう．この建物がいつのものか分からないが，フランスの町，村にある普通の役場 mairie である．

それなら残るはあと一つということで，ブール・ラ・レーヌの墓地に行ってみる．墓地に入ると，まず第1次世界大戦の慰霊塔がある．このような塔は，フランスのどこの市町村にもある．その地から出征した戦没者の名前が刻んである．

　墓地自体がかなり広いので，入口にある管理事務所でたずねると，ガロアの墓に連れて行ってくれた．

　墓地には，立派な墓が沢山建っているのはいずこも同じである．社会的に立派な地位にあった方々なのであろう．エヴァリスト・ガロアは父親と共に2人にふさわしく，つつましく葬られている．墓は二段になっており，下段が1829年，先に死亡した父ニコラ・ガブリエル・ガロアの墓であり，上段がその3年後に死亡した数学者エヴァリスト・ガロアの墓である．上の段の正面に，「エヴァ

ガロア父子の墓

リスト・ガロア(1811–1832)，数学者」と刻まれている．下段は，「ニコラ・ガブリエル・ガロア，ブール・ラ・レーヌ村長を15年間務める，1829年7月2日55歳パリで死去，村人たちは進んで遺体を引きとり，墓地に運んだ」と書かれている．

　しかし，何かが変である．フランスにも日本と同じように，何々家の墓というのは，ごく普通にある．ところが，父親と息子を2段の墓の中に入れるというのは珍しい．

　フランスには一方では個人主義と，もう一方では仲間，共同体，とくに家族を重視するラテン性があり，後者から革命のスローガンの一つである友愛が出てくるのであろう．だから家族の墓というのは普通にあるのである．しかし，子供の頃から独立心は要求され

る．例えば，小さな子供のいる家に夕食に呼ばれると，両親と客人は賑やかに会話を楽しんでいる一方で，子供は独りで寝るように厳しく注意される．

これを考えると，この墓は異常である．二人は革命の理想のために死んだということなのであろうが，親子2段の墓は，父と息子が同衾しているようなものではないのか．フロイトによれば，男の子には父親を殺して母親と結婚することを望むエディップス・コンプレックスがあるという．そのようなコンプレックスが本当にあるかどうかは別として，男の子は父親を乗り越えようとして成長することは確かである．難しい戦いをさけるために，息子は父親と全く異なる職業を選ぶことも多い．親の跡をつぐのは，大変である．その上に2代目はダメだと言われたりするのである．

2人はあたかも2段式ロケットのようなものであり，父の自殺を乗り越えてエヴァリストは祖国に名を残そうとしたのであろうか．

生家，村役場，墓をすべて訪れるのに数百メートルも歩けば事足りる．生家はもはや存在しないし，墓も彼にふさわしく簡素なものであって，わざわざ見に行くほどのものではないブール・ラ・レーヌの町に，そこでしか見い出すとのできないガロアの思い出があるのではと期待したが，これはこのような物質的な対象を探すこと自体，見当違いであることを示している．

仏教徒がブッダの歩いた道を踏みしめると特別な宗教体験ができるという．パリにあるショパン

献花が絶えないショパンの墓

(1810-1849)の墓には今日も色とりどり花を捧げる女性の姿が絶えない．ブッダは別格としても，ガロアの肖像画をみれば，ショパンとは明らかに性格も追求したものも違う．2人の扱われ方がこれ程違ってよいものだろうかという思いが胸をよぎった．

世界一ロマンチックな数学者は誰か？

私の先生であり，また同僚である数学者ピエール・カルチエは大変おしゃべり好きである．ある時，彼が私達夫婦をパリ郊外のフォンテヌ・ブローの散歩に誘ってくれたことがある．定刻に待ち合わせの場所に車で迎えに来てくれた．どんどん遅れていく彼としては上首尾だ．これだけでも大成功だ．うれしいことに12時半過ぎにはフォンテヌ・ブローにあるレストランに着いた．ところがそこから話が始まって，レストランを出たのは午後4時過ぎ，お目当てのフォンテヌ・ブローの城に着いたのは，城が閉まる時間でもう入場できず，外から城を見て「今日は本当に楽しい一日をありがとう」と言ってそのまま帰ったことがあった．このような話は枚挙にいとまがない．

カルチエ

おしゃべりのカルチエが時々言うのに，「セール(1954年フィールズ賞受賞)

セール

は,「定理の証明はただ一つあればよい」と言う. 同じ定理に, 沢山の証明があれば, あるほどおもしろいのに. セールは世界一ロマンチックでない数学者だ」

セールはフランス人らしく, 非常に明確な思考をする数学者である. 短く, 正確な文章で論文は組立てられており, 陰りの部分というものはない. これがフランス的明晰さというものかと感心させられる. 全く違う文化圏出身の私としては, 強いあこがれの気持が湧く.

そのセールが一番ロマンチックでない数学者であるとは, 一体どういうことなのかと思った. つまり, フランス語で「ロマンチック」とは何を意味するのだろうかという疑問である. フランスの男性, 女性はロマンチックなのであろうか, あるいはフランス人の好きなショパンのピアノ曲はロマンチックであるのかそれともセンチメンタルなのであるかという疑問である.

ある時, カルチエに聞いてみた.「それでは, 一番ロマンチックな数学者とは誰れなのですか」と. しばらくすると, 返事が返って来た.「ガロアだ. それにリーマンがロマンチックだ」

リーマン

そこで質問を一歩進めて, 次のようにたずねた.

「正17角形の作図法の発見の喜び, 算術幾何平均と楕円積分の関係の発見を, 感動をもって記したガウスもロマンチックですね」

彼は答えた「その通りだ」. 私は続けて

ガウス

「若いソーニャ・コワレフスカヤと出会って老ワイエルシュトラスも，意外にロマンチックであるところがあるのが分かったと言えるのですね」

「そうだ．しかし，これはソーニャ・コワレフスカヤが偉大な女性であったということだ」とカルチエは答えた．肝心の点，ロマンチックの定義までは到らなかったが，フランス人がそれによって何をイメージしようとしているかは，これで少しは分かった．

ではショパンの音楽はどうなのであろうか．話し好きのカルチエの議論は今日も果てしなく続く．

ワイエルシュトラス

コワレフスカヤ

ショパンとガロア

ショパンは1810年にワルシャワの郊外で生まれたから，ガロアより1歳年上である．2人の活動の場所は19世紀のパリであるが，ショパンがパリに出て来て初めてコンサートを開いたのが1832年2月であるから，その年の夏にガロアは短い生涯を終えている．したがって，2人は短い期間を除いて同時代のパリで生活していたわけではなかった．

1830年ポーランドを出発するに当って，ショパンは次のように書いている．

> これは死への旅立であり，ワルシャワを離れたら，もう2度と僕の家に戻って来ないだろうという予感がした．故郷を離

れ，見知らぬ土地で死ぬなんて，何と悲しいことだろう．

　この時彼は，3年前15歳で結核のため亡くなった妹のことを思っていたのであろう．「見知らぬ町で，胸の病で死ぬ」ことを彼は恐れていたのである．そしてこの不安は20年後現実となる．精神分析学者に言わせれば，この結末の実現に向けて，彼は邁進する．

　ポーランドからパリに出てきた繊細で傷つきやすい青年は才能を開花させピアノの名曲を残し，名声を博しサロンの寵児となる．しかし，彼の最も恐れていたとおり胸の病のため異国で39歳で世を去った．しかし，客観的に見れば何も悪いことばかりがあったのではない．

　一方，ガロアは世に認められることもなく，理由のよくわからない決闘でわずか20歳にして亡くなっている．大発見をしながら，世に知られることなく若くして死んで行くのが，ロマンチックだと思うのは，男性中心的で時代遅れだと批判されるかも知れないが，男なら誰でも憧れる，変わることのない願望，コンプレックス，あるいは少年の夢である．

　ショパンがどのような政治的意見をもっていたか，特にフランス革命をどう思っていたかは残念ながら分からないが，1830年ワルシャワの民衆の蜂起がロシア軍によって鎮圧されると，ショパンは「おお祖国よ」と叫んだという．その激しい思いから，花に覆われた砲台と呼ばれる練習曲「革命」は生まれたと言われている．

　彼は争い，革命と聞いただけで，怖かったのである．1830年7月革命，「栄光の3日」の後パリに着いたショパンは住居のバルコニーから民衆の騒ぎをただ傍観していただけであった．1848年の革命では，パリを脱出して，イギリス旅行をしている．

　ショパンはまずその音楽自体が，高貴にしてセンチメンタルであり，世界中でとても人気がある．ショパンには神経症的な面があ

り，病気を恐れていつも白い手袋をしていたというから，さぞ大変な人生であったことだろう．繊細な芸術家は，この世の中に存在できないほど，過敏であったのである．

ショパンは一度婚約するが，2年後相手の女性から破棄される．ショパンの死後，持ち物の中からこの女性から送り返された，ひからびたバラの花とショパンからの手紙が見つかった．

弱い芸術家の力強い保護者となったのは，強い女流作家ジョルジュ・サンド(1804-1876)である．

ドラクロアの描いたショパンとサンド

サンドは既成の道徳を軽蔑し，男装をして，葉巻をくゆらせながら賛美者の話を鼻であしらうような挑発的な女であった．既に2児の母となり，離婚し多くの男と浮名を流していたが，どの男も彼女からすれば何かが欠けていた．ところが，ショパンに出会うや，彼女は彼の才能と感性に心酔し，態度を一変させ，母性的にショパンにつくす．母性的献身のもたらす安心，それこそショパンは何よりも求めていたものだった．その意味でこの出会いは幸せであった．ショパンにすれば，才能も名声もいらなかった．自由・平等・友愛など他人のことを考える余裕もなかった．最も望んだものは，母親の胸に抱かれるような安心であった．

サンドは後に回想している．

　　彼の精神はむき出しになっており，バラの花弁の中のしわ，
　　飛ぶハエの影さえもショパンの苦悩の原因となった．

2人は9年間一緒に暮すが，最後は別れてしまう．彼女は聡明で進歩的な女性で晩年には社会運動に興味をもち，社会主義者たちとも親交があったという．彼女がサロンを開いていたパリの邸宅はブール・ラ・レーヌの隣り町パレゾーにあった．そこは現在ポリテクニークがある町でもある．

パリのラテン語地区に，偉人を祭る殿堂パンテオンがある．ヴォルテール，ラグランジュ，ユーゴー，カルノー等フランスを代表する思想家，政治家，科学者が名をつらねている．社会党党首ジャン・ジョレスなど左翼の人も結構入っており，フランスの左翼の力を感じさせる．しかし，女性はマリー・キュリー唯一人だけであり，女性の地位を確立する問題はフランスでも深刻であることを想像させる．21世紀の初めに，左翼がジョルジュ・サンドをパンテオンに入れる運動をしたが，シラク大統領を含めた保守派の反対にあって実現しなかった．

エコール・ノルマルから
パンテオンを望む

小説家は悲劇のヒロインを，死の前日に鯛の天プラを食べたのが良くなかったという様な単純明快な病気で死なせはしない．堀辰男の「風立ちぬ」のヒロイン節子，「椿姫」のマルグリッド，「ラ・ボエーム」のミミ，清らかな悲劇の主人公は全部肺病で死ぬことに決まっていた．現実は現代のガンやエイズのように恐ろしい病気なのであるが，ショパンも胸の病でヴァンドーム広場の見える一室で死ぬ．サンドと別れてから，2年後である．

葬儀はパリのマドレーヌ寺院で壮大に行われ，彼の心臓は遺言に従って故国へ送られた．パリでの名声にもかかわらず，余程ポーランドに帰りたかったのだろう．生前から高い評価を受けていて申し分のない人生であったと言えるが，神経症の音楽家の生涯は苦痛に満ちたものであった．

　作曲家なら，ガロアと一番話が合うのは，疑いもなくフランス革命の熱烈な支持者，自由主義者ベートーベン (1770–1827) であろう．ガロアもベートーベンの名前くらいは知っていたであろう．ウィーンでベートーベンがシラーの詩にのせて，人類の友愛を高らかに謳ったときガロアはルイ・ルグラン校の 13 歳の学生であった．

　ショパンが音楽において，ガロアが数学において残したものは人類の遺産である．このことに我々は感謝しなければならないが，二人とも決して幸せな人生を送ったとは言えない．幸せな人生を送った天才は稀である．数学を研究することを職業としていると，誰でも一度ならず，「自分に，もう少し才能があったら」と思う．しかし，これは幻想であって，凡人であることも悪いものではない．

　ガロアは理想実現のために，ショパンよりもっと激しく燃えつきたと言える．生前は評価を全く受けなかったし，現在もその墓を訪れる人も稀である．故郷には彼をしのぶものはこれといってない．一方で P. デュピュイ [D] は次のように述べている．

　　しかし，その名は彼の真の祖国である数学において忘れられることはない．真理によって人類に貢献することこそガロアが一番望んだことであり，彼は偉業をなしたのである．

　　しかし彼の青春は死によって終わる．計算の途中に次のような詩を書いていた彼はそのことをよく知っていた．

　　永遠の糸杉が僕を取り囲む：
　　薄い秋の日のように弱々しく，うなだれて僕は墓へ向う．

少なくとも，死によって全てが終わったのではない．彼の残したわずか数ページで，祖国は彼の名を忘れはしない．何よりも美しく，広大な真の彼の祖国．そこでは，厳密で深遠な数学の概念を使って，世界のあらゆる地方に散らばって暮らしている高貴な知性が必ず友達となる．

　よく言われるように，永遠であることは，人々の記憶に中に残された軌跡に過ぎないとしても，人類が存在する限り永遠であることは保証されている．大衆は知らなくても，選ばれた人々からの賞賛は終わることがない．このような選ばれた人々のために私はこのノートを書いたのである．この天才を賞賛するだけでなく，この熱い魂，悩み多く，悲しみに満ちた心に共感して頂きたかったのである．さらに，理念しか表わさなくなっているこの名前の裏で，一人の生きた人間がいたことを伝えたかったのである．

注意 彌永[I]によれば糸杉は死の象徴であるという．なお同書224ページにある詩の訳で，「青白い私」とあるのは「秋」の誤植と思われる．

グラン・ゼコール

　フランスの大学制度は日本と違っている．大学は2種類に分れる．一つはグラン・ゼコールと呼ばれる，選抜のための入学試験を行う少数のエリート校である．エコール・ノルマル・シュペリュール，ポリテクニークがその代表である．これらの学校に入学すれば，設備の整った施設で，一流の教授の指導が受けられ，エリートへの道が開けるので選抜試験は厳しい．

グラン・ゼコール以外の大学は入学試験を行わない．高等学校の最終年次に，毎年全国一斉に国が行なうバカロレアと呼ばれる高等学校卒業資格試験に合格すれば，大学入学資格が得られる．現在では，バカロレアを7，8割の高校生が受験し，その7，8割が合格するようで，厳しい試験というわけではない．

　グラン・ゼコール以外のこれらの大学では，半年ごとの試験が進級試験である．毎年何割かが進級できないので，大学を卒業すれば，十分それなりの資格となる．

　ここで注意する必要があるのは，エコール・ノルマル・シュペリュールと名前のよく似たエコール・ノルマルとよばれる大学があることである．これは各県に設置された教員養成のための教育機関，師範学校であって，エリート校ではない．かつて，つつましやかな家庭の子供は能力があれば身を立てる方法が3つあったという．一つは師範学校を出て先生になる道，宗教家（カトリックの僧侶）となる道，そして第3の道は軍人となることであったという．自由・平等・友愛のフランス革命の精神にのっとり，現在フランスは多くの移民を受け入れている．実にフランス人の4人に一人が，祖父母に外国からの移民がいるという．これらの人たち，またその第2，第3世代が社会の偏見を乗り越え自分の能力を活かす方法はあるのだろうか．

エコール・ポリテクニーク

　フランスは中央集権とエリートの国である．大学の先生である数学者を見ても，大部分がエコール・ノルマル・シュペリュールかポリテクニークの出身者である．このようなエリート主義は，フランス革命の掲げる自由・平等・友愛の精神に反するのではないかと思うか

もしれない．フランス革命の口火を切ったバスティーユ襲撃直後の1789年8月に採択された人権宣言を見てみよう．

　第1条　人間は生まれながらにして自由であり，平等の権利を持つ．共同体への有益性に基づかない，いかなる社会差別もしてはならない．

とある．換言すれば，共同体に貢献する人は，特別に扱ってよいということである．

　フランス革命の理想を実現するためには新しい社会制度を整える必要があった．特に，産業，軍隊，公共教育のための専門家の育成が急務である．共和暦III年の1794年，軍事，産業のための高等教育機関としてエコール・ポリテクニークを，教員養成の人材を育てるための高等教育機関としてエコール・ノルマルが創立された．

　エコール・ポリテクニークはナポレオンが創設したと聞いた方も多いであろうが，これは誤りである．1804年ナポレオンはこの学校を軍の所管とした．

　設置の目的から分かるようにエコール・ポリテクニークは軍の高等教育機関であり，現在も国防省が所管する．入学すると少尉に任命され給与が支払われる．軍事教練があり，最初の2年間は全員寮に寄宿する．ここまで読むと，フランス文化に対するイメージが崩れてくるであろう．軍隊はフランスの持つ，自由でソフトなイメージとはかなり違うからである．一方，ここでフランスらしい第1次世界大戦中の出来事を思いだす．

　その一つは，大戦中に前線から，食事がまずく，ワインが悪いので戦う気になれないという苦情が来たというのである．兵士の士気を保つために，どの程度かは知らないが，要求に従って食事は改善されたそうである．あるいは，これは質実剛健を誇るドイツ人が流

した噂なのかもしれない．このように，いかがわしい国民にプロシアが負けるはずがないというのである．もう一つは，より深刻な問題である．それは，軍人，兵隊にストをする権利があるのかが議論されたというのである．

いずれにせよポリテクニークは，このような自由な国フランスのイメージから程遠い．さて話をエコール・ポリテクニークに戻そう．

定員は学年500人であり，卒業生は大企業の幹部，高級官僚，研究者などとなって活躍する．

卒業生の中にポアンカレ，コーシー，ポアソン，コリオリ，オーギュスト・コントらのフランスを代表する数学者，科学者，政治家，思想家が名をつらねる．国論を2分するスパイ事件の当事者ドレフュス(軍人)を見つけるのは当然である．

その他に，ジスカール・デスタン(フランス大統領)，カルロス・ゴーン(ルノー，日産自動車社長，CEO)の名を見つけることもできる．将来を約束されたポリテクニークの学生，ポリテクニシャンは若い女性の間で人気があり，ポリテクニークのダンスパーティーには未来の社長婦人を目指して魅力的な女性が殺到するという話を聞いたことがあるが，これは伝説であろう．

時代は変わって1972年ポリテクニークも，他の軍学校と同様に女子学生を受け入れ，男女共学となった．

エコール・ノルマル・シュペリュール

ガロアはエコール・ポリテクニークの入試試験に2度失敗している．制度上，3度の挑戦は許されなかったので，仕方なくガロアはエコール・ノルマルの前身である準備学校に入学する．彼がエコール・ポリテクニークへの入学を強く望んだのは当時の特別な理由があった．

フランスの学校教育制度はフランス革命後に整備された．革命の目的は王，貴族，僧侶の持っていた政治特権を，個人の権利として国民の手にとり戻すことにあった．具体的には，王制から共和制への移行であり，政治から宗教，カトリシズムを排除することである．これは容易なことではなく，具体的な例として公共教育をとれば，1792年に哲学者コンドルセは，国民公会に次の報告をしている．

> 各個人の信仰の選択の自由，すべての国民が平等であることを考えると，言論の自由に反するような教義を公共教育の場で教えることは憲法で禁止すべきである．

しかし，これがフランスの社会制度の中で現実に定着するのに約100年を要したのである．コンドルセのこの言葉は重い．現在西側に属している国に限っても，どれだけの国がこの基準に合格するであろうか．

19世紀に政治体制が保守と進歩，王制支持と共和主義の間でゆれ続ける中で，教育制度も変わり続けたのである．

エコール・ノルマルはポリテクニークと同じ1794年に，教員養成のためのエリート校として創立された．これが共和暦III年のエコール・ノルマルと呼ばれる現在のエコール・ノルマル・シュペリュールの原点である．しかし，準備不足などが原因で，軌道にのせらず，学校は解散してしまう．その後1808年にグラン・ゼコール制度が整備されたとき，改めてグラン・ゼコールの一つとして再出発する．ナポレオンが失脚すると，自由主義的な教師は更迭され，学校自体が格下げされ，1826年には教員養成のための学校となり，準備学校と呼ばれるようになる．この準備学校はルイ・ルグラン校の敷地内にあった．ガロアはこの準備学校に入学したのである．ガロア在学中の1830年に，エコール・ノルマルと再びなるが，グラン・ゼコー

ルではなかった．現在のグラン・ゼコール，エコール・ノルマル・シュペリュールとなるのは 1848 年のことである．

　この年にいわゆる師範学校，エコール・ノルマルが整備され，全国に教員養成のための学校，エコール・ノルマルがつくられ，その時に，それまでのエコール・ノルマルはエコール・ノルマル・シュペリュールと改称され，グラン・ゼコールとして位置付けられたのである．それ以来この学校の目的は教員養成ではなく，文化と科学の高等教育を行なう機関となっている．エコール・ノルマルの学生ガロアがポリテクニークに入学したがった理由は二つある．一つはポリテクニークがグラン・ゼコールであり，ラグランジュ，ポアソン，フーリエといった優れた数学者がいたことである．一方エコール・ノルマルはグラン・ゼコールではなかったのである．もう一つは，文部省の支配下にあったエコール・ノルマルが，ガロアの嫌う王党派の思想によって管理されていたからである．これに比べて，かつてナポレオンの指揮下で戦った軍の学校の方が，自由主義的だったのである．

　ヨーロッパの各国は，王制をくつがえしたフランス革命を危険な思想とみなして，フランス国内の旧体制派を支持した．そのため，フランスは諸外国と戦争状態にあった．したがって，フランス人にとって祖国のために戦うことは革命を擁護することだったのである．「祖国のために」は，「国王のために」ではなかったのである．

　さらに注目すべき点としては，ガロアは，意外に思われるかもしれないが，軍隊に憧れがあった．その一つは，ガロアの伯父，ガロアの父ニコラ・ガブリエル・ガロアの兄は軍人であり，ヨーロッパ各地を転戦したことによる．さらに生涯の最後，愛国者の集会に参加する時も，しばしば国民軍の軍服でガロアは会合に出席している．早く理想を実現したいという情熱と，そのためには殉教してもよいという思いが読みとれる．

当時はポリテクニークの方が自由であり，エコール・ノルマル・シュペリュールの方が保守的であったが，この傾向は 19 世紀末には逆転し，左翼思想に寛大なエコール・ノルマル・シュペリュールと保守的な軍の学校ポリテクニークとなる．エコール・ノルマル・シュペリュールの卒業生には，著名な思想家，科学者，政治家が多数いるが，その中に第 1 次世界大戦に反対し，国粋主義者に暗殺された社会党党首ジャン・ジョレス (1859-1914)，フランス人民戦線内閣の首相レオン・ブルーム (1872-1950)，フランス首相を務めた社会党のロラン・ファビウス (1946-)，戦争に反対し，ノーベル文学賞を受賞したロマン・ロラン (1866-1944)，社会主義からキリスト教へと傾いた詩人・思想家シャルル・ペギー (1873-1914) らの名があることからも，この学校の自由な雰囲気が想像できる．

ポリテクニークの学生として，フランスの 5 月革命，1968 年 5 月を体験した数学者は語る．

> 1968 年 5 月，左翼思想に共感した我々ポリテクニークの学生は，自由な思想から権威と対立していたシュヴァレーの主催する自主セミナーに参加して，類体論を学んだ．ここで勉強するのは，大学での講義よりはるかにおもしろかった．

軍の大学の学生といえども，68 年 5 月には血がさわいだのである．

1881 年創立の女性のためのエコール・ノルマル・シュペリュール (セーブル校) と統合することによって，エコール・ノルマル・シュペリュールの男女共学が実現したのは 1986 年である．1986 年セーブル校の最後の校長，化学者ジョジアンヌ・セールの夫は著名な数学者セールである．

ポリテクニーク訪問

　1794年の設立から1976年まで，ポリテクニークはパリのラテン語地区，カルチエ・ラタンにあった．パンテオンの東側に位置するこの場所から，パリ郊外のパレゾーへ1976年に移転した．ポリテクニークの移転後，その建物は教育・研究省として使われている．

　この辺りには，ソルボンヌ（＝パリ大学），コレージュ・ド・フランス，エコール・ノルマル・シュペリュール，ガロアが学んだルイ・ルグラン校などがありラテン語地区の中心である．

　ポリテクニークへ行くには，RER（地域高速鉄道網）のB線を利用するのが便利である．パリには地下鉄の他に，郊外へ延びるRERの5つの路線 A, B, C, D, E があり，ガロアの生誕の地，ブール・ラ・レーヌに行くにも，ポリテクニークへ行くのも利用するのはこの電車である．この路線はパリを南北に横切り北はシャルル・ドゴール空港に通じている．南はガロア生誕の地ブール・ラ・レーヌを通りそれを越えてさらに西へ行く．ブール・ラ・レーヌの近くにフランス国内線の発着を主とするオルリー空港があり，お馴染みの方も多いと思う．パレゾーの近くに，オルセー大学（パリ大学），グロタンディエクが活動したIHES（高等科学研究所），サクレーの原子研究所などがある．

　シャルル・ドゴール空港からパリ市内に入る鉄道であるRERのB線を知っておられる方も多いであろう．数学者は貧乏なので，空港からパリ市内に入るとき，最も安いこの鉄道を使う．重い荷物を持っての移動なのに空港駅のエスカレーターが故障で動いていないことはよくあるので腹を立ててはいけない．また，ストもフランスの名物である．それより困るのは電車が予定通り動かないことである．途中で停止して，そのまま運転打ち切りになったり，10分，15

分余計に待たされるのは普通である．システムが老朽化しているという説が一般的であるが，日本の鉄道は古くてもしっかり動いているのでこの説は信じ難い．おそらく，システムの維持ができていないのであろう．フランスの新幹線は，中国，ブラジルへの売り込み競争で日本のライバルであるが，当事国の方々はプレゼントや接待に目をくらまされないで，実情を厳しく調査して，選択してほしいものである．フランスは武器輸出国でもあるが，「フランス製の戦闘機は本当に飛ぶのかなあ」と思ってしまう．

シャルル・ドゴール空港駅で電車に乗り込むと，「間違った飛行機に乗ってしまったのではないか」という不安に襲われる．つまり，誤った飛行機に乗り，アフリカに着いたのではと不安になるのであるが，間違いなくパリであるので心配する必要はない．確かに乗客の多くが，アフリカ出身者，より正確にはその子孫である．フランスは移民に対して寛大な国である．実態がどうであるかは別として，少なくとも建前は自由，平等，友愛である．特に，最後の友愛がフランス人の感性と深く係っているのであり，フランス革命の人権宣言に謳われているだけでなく，宗教(カトリシズム)に由来するのであろう．

世界各地から仕事を求めてパリにやってくる移民労働者のために，郊外にシテと呼ばれる団地が造られ，移民が郊外電車ＲＥＲで移動するため，乗客にアフリカ系の人が多いのである．当然シテでは社会問題が多く発生している．失業，フランス社会への同化，人種偏見から将来に希望を見出せない若者など，難しい問題が山積する．

また，電車には物乞いをする人もよく乗って来る．「私は24歳で無職です」から始まって「お金を下さい」と演説する人もいるが，こういう人は稀である．多くは，事情を説明したカードを配布して行く．しばらくするとカードの回収と金を乞いに来る．どの位の人が金をくれるのか分からないが，生計の足しにはなるのであろう．し

ばらく滞在していると，同じ物乞いに何度も会うようになる．様子を見ていると稼ぎのいい人，そうでない人と，いろいろいるようである．変ったところでは，普通の乗客でありながら，同時に物乞いをする人もいる．つまり，電車に乗り移動する乗客なのだけれども，移動時間を有効に利用して物乞いをするのである．仕事はすぐ終わるので，その後は普通の乗客として，談笑している．

　ガロアの生まれた街，ブール・ラ・レーヌはパリから電車で数分と近く，高級住宅が並ぶ地区もある．パリから遠くなるにしたがって，乗客も変わって行く．終点のシャルル・ドゴール空港がアフリカと間違いそうなのはそのためである．貧しい移民は，パリから遠く離れた条件の悪いところに住んでいるのである．

　日本には外国人が少ないし，アフリカにはほとんど馴染みがないので，シャルル・ドゴール空港駅の電車の中の光景に驚くのである．しかし，しばらくすると慣れてくる．人種，文化的にどれだけ離れていても，彼らの中に繊細な心づかいがあることも分かるようになる．

　ポリテクニークへ行くには，RERのB線のサン・レミ・シュヴラーズ行きに乗る．ブール・ラ・レーヌを経由してパリから20分ほどで目的地のロゼール駅に着く．そこからは，ポリテクニークの数学科，ローラン・シュヴァルツ研究所まで徒歩で行く．詳しい道順が研究所のホームページにあるので，それに従うとよい．まず地下道を通って，鉄道の線路を越える．案内にあるカフェを見つけ，そこを右に曲り，案内板「ポリテクニークへの道」をさがす．すべてが説明通りにうまくいき，坂道へ入る．駅は谷間にあり，ポリテクニークは谷の外にある．その斜面を登る．15分ほど息をはずませて山道を行く．日本での神戸大学への六甲の坂道を思い出す．それよりきつい坂である．やがて坂を登り切ると，緑色の鉄製の変わった回転扉がある．それを押して敷地に入る．驚くのは我々は丘の上に着いたのではなく，大平原の端に立ったのである．つまり，谷を登

22　i．ガロア (1811-1832)

ると山となる，あるいは谷間から山の始まる日本の風景と違って，豊かな農地が広がるのである．氷河によって削られたヨーロッパは，特にフランスは平らなのである．地平線まで続く広々とした農地を見ると，農業国フランスの底力を感じる．郊外電車が時刻通り来なくても，大した問題ではないのである．

　残念ながら失敗に終わったが，何年か前にゆとり教育を導入しようという議論が日本にあった．日本人はよく働いて豊かになったので，経済的な豊かさを実感できる生活にしようという提案であった．学校教育では子供の負担が多すぎるというのである．この考え方は人の生き方についての深い洞察に基づく魅力的なものであった．この提案をした識者たちは，そのモデルの一つとしてフランスを考えていたようである．しかしながら，与えられた自然条件のあまりに違うフランスは日本のモデルには成りえないのである．豊かな食生活，何かと話題となる各地のワイン，チーズ，果物など農産物の自慢はうらやましい限りであるが．

　ポリテクニークは広大な大地の端に建っている．緑地が入り口の近くにあり，ここは馬場であるのに気がつく．やはり軍隊である．案内に随って構内を，ローラン・シュヴァルツ研究所へと進む．ホームページにあった案内は正確であり，難なく研究所に着く．さてそこで困ったことに気がつく．建物に入るには鍵が必要なのである．訪問者は困ってしまう．仕方がないので，通勤して来た人に，一緒に建物の中に入れてもらう．そればかりか，建物から出るのにも鍵が必要なのである．非常用の

軍服の展示

コードを教えてもらい，それを使って研究所の外に出ることにする．

エコール・ポリテクニークは広大な敷地を所有している．その中央にある大きな建物には，食堂，郵便局といった福利施設が入っている．さらに2階の廊下に沿って，ショーウィンドーがあり，軍服やサーベルが詳しい説明をつけて展示してある．廊下には小さな大砲も置いてある．建物の中の正面の壁には

「祖国，科学，栄光のために」

(POUR LA PATRIE, LES SCIENCES ET LA GLOIRE) と大きく書いてある．その傍に，第1次世界大戦で戦死した学生の名が刻まれた碑がある．

戦勝国とはいえ，第1次世界大戦で国内が戦場となったフランスは大きな犠牲を払った．フランスの戦死者はドイツより多いと言

祖国，科学，栄光のために

われている．特にフランスは，エコール・ノルマル・シュペリュール，ポリテクニークの優秀な学生を次々に将校として前線に送り込んだ．そのため，これらの学生の出征者の死亡率は，一般の兵士よりも高くなっている．エコール・ノルマル・シュペリュールの学生については，出征者の60％が死亡したという．これはフランスの政策の失敗だったと言われている．1928年生れの数学者マルグランジュは語る．

> 我々が勉強を始めたとき，戦争のため上の世代が欠けていました．誤った政策が原因です．一方ドイツは優秀な学生を温存したのです．エコール・ノルマル・シュペリュールにも第1次世界大戦で戦死した学生を弔う碑があります．

ガロアの生きた時代

　チューリッヒに亡命し，著作活動を送っていたレーニンは，1917年ロシア革命が起こると「革命は論ずるよりも，実際に行うものである．」と言ってロシアへ急いだ．自分の理想を社会で過激に実現するのだから，革命ほど人を夢中にさせるものはないのであろう．ガロアは18世紀の哲学者ヴォルテール，ディドロ，ルソーらの理想をフランスの社会で実現する夢にとりつかれていた．

　ガロアの生きた時代およびその前後のフランスの社会の様子を見てみよう．何をもってフランス革命の始まりとするかが問題だが，一応1789年の三部会召集としよう．それから1799年のナポレオンのクーデターによる政権獲得までをフランス革命の時代としよう．1799年から，ナポレオンがロシア遠征に失敗しその2年後の1814年に失脚するまでをナポレオンの時代としよう．ナポレオン体制が崩壊し，ナポレオンがエルバ島へ追放されると，1814年，ブルボン家による王制が復活した．1793年に処刑された，かつての国王ルイ16世の弟であるルイ18世が亡命先のイギリスから帰国してフランス国王となった．1814年から1848年までを王政復古の時代と呼ぼう．1848年に2月革命が起こり，国王ルイ・フィリップは退位し，第2共和制が始まるのである．

　もう一度まとめれば，

　フランス革命期，1789年 – 1799年,

　ナポレオンの時代，1799年 – 1814年,

　王政復古の時代，1814年 – 1848年,

ということになる．この分類によれば，ガロア (1810 – 1832) の生きた時代は王政復古の時代であった．ガロアの生涯と深く関わっている王政復古の時代を見てみよう．

1814 年ルイ 16 世の弟であるルイ 18 世がイギリスでの亡命生活から帰国し，フランス国王となった．法の前の平等，所有権の不可侵など人権宣言にある国民の基本的な権利を認め，イギリスを手本とする立憲君主制であるといいながら，国王の神聖不可侵と世襲，カトリックの国教化など旧体制の復活を目ざす政治体制であった．ナポレオンは 1815 年エルバ島を脱出し，兵を率いてパリに帰るがワーテルローの戦いでイギリスとプロシアの連合軍に大敗し，その統治は続かなかった．いわゆる 100 日天下である．ルイ 18 世はベルギーに一時亡命した．

　ナポレオンが大西洋の孤島セント・ヘレナに流刑になった後，ルイ 18 世の時代は 1824 年に病気で亡くなるまで続いた．その後はやはりルイ 16 世のもう一人の弟であるシャルル 10 世がフランス国王となる．1830 年国王の復古的な政策は議会の支持が得られず，内閣は議会を解散し総選挙に打って出るが，選挙では反政府勢力が勝利する．7 月 26 日，王は議会の解散，選挙法の改正の勅命によりこの難局を乗り切ろうとするが，パリ市民が蜂起しバリケードを築いて戦って勝利したのである．栄光の 3 日間 Trois glorieuses といわれる 7 月革命である．この様子はロマン派の画家ドラクロワの絵「民衆を導く自由の女神」に描かれている．シャルル 10 世は退位するが，しかし，共和制は実現せず，新国王としてオルレアン家のルイ・フィリップを迎えるのである．1848 年に再び革命 (2 月革命) が起こり，これでフランスの王制は終る．すべての成人男子に選挙権が与えられ，第 2 共和制が誕生する．

　シャルル 10 世が退位に追い込まれた 1830 年の 7 月革命はガロアの生涯に大きな意味を持っていた．それはガロアの死の 2 年前であり，その 1 年前にはガロアの父が地元であるブール・ラ・レーヌのカトリック勢力と宗教をめぐる争いが原因でパリで自殺している．

以上でガロアの生きた王政復古の時代を手短かに説明した．ガロアの生き方を理解するにはその前の時代，フランス革命とナポレオンの時代について語らねばならない．

フランス革命とは何か

　フランス革命とは一体何であるのかという問いに答えることは難しい．革命自体が巨大で複雑な事件の集まりだからである．単純な図式化は危険である．

　私が昔教わったのはマルクス主義によるフランス革命の解釈であった．説明は論理的で明解であった．それによれば，フランス革命はブルジョア革命であって，真の革命，プロレタリア革命ではなかった．フランス革命を徹底的に推進させようとしたロベスピエールを代表とする急進的な人々は，フランス革命がブルジョア革命であることに気がついておらず，ブルジョアによって利用されたのである．つまり，ブルジョア革命を完遂するためには，旧制度の一掃が必要であった．その為には一度極端に革命を急進化させる必要があったというのである．現代我々が待ち望むものは，真の革命，プロレタリア革命であると説明されていた．このように解釈すれば，清廉の士ロベスピエールは生まれるのが早すぎた悲劇の主人公であり，貴族でありながら第三身分から議員に選ばれ革命を支持し，一方で宮廷とも裏で通じていたミラボー伯爵は信用のできない輩ということになる．果たしてそうであろうか．矛盾するミラボーの行動に深い人間性を感じるのは私だけではないであろう．

　ベルリンの壁は崩壊し，共産主義の全体主義体制は消滅した．現在，フランス革命のこのような解釈に賛成する人はいない．

フランス革命 (1789 – 1799)

　フランス革命以前は，一般の国民は国に対して何の権利も持っていなかった．権利を特権階級から取り戻し，自由で平等な法に基づく社会を創るのがフランス革命の目的であろう．

　1789年7月14日，パリ市民によるバスチーユ奪取は，国王が軍事力，つまり暴力によって権力を維持できなくなったことを示す大事件であった．

　その直後1789年8月26日，国民会議において「人権宣言」が採択された．これは憲法の前文であって，その後の立法，行政，司法の基本原理となった．この宣言はアメリカの独立宣言をもとに起草されたものであり，日本国憲法 (1946年)，国連の世界人権宣言 (1948年) に引き継がれ，それらはすべて同じ精神に基づいて書かれている．

　その内容を見てみよう．

1. 人間は生まれながらにして自由であり，平等の権利を持つ．

3. 主権は国民にある．

10. その実行が公共の秩序に反しない限り，意見，信仰は自由である．

　現代から見れば当たり前に見えるか知れないが，それだけ，この二百

ル・バルビエの描いた人権宣言

何十年のあいだに社会が変わってしまったのである．しかし，一方で現代でも一体どれだけの人がこれらの権利を享受しているのであろうと心配になる．我々の目ざす目標への道は未だ半ばである．

現在フランスでは，学校でのイスラム教徒の女性のスカーフの着用が禁止されている．禁止には信教の自由の立場から反対の声も強かったが，学校でのスカーフの着用は公共の秩序を乱すという理由で禁止となった．それならキリスト教徒の女性が十字架のペンダントをつけて学校に行ってよいのかという議論もあり，一般に何であれ宗教的なシンボルは公共の場でつけない方がよいと考える人も多い．これは難しい問題である．

フランス革命を巡って古くから問題となっていることに宗教がある．人権宣言に信教の自由が明記されていることから分かるように，フランス革命は反宗教的ではないのであろう．

ロベスピエールのような急進派の人々が宗教をどう位置づけようとしたのであろうか．可能な限り宗教を理性に置き換えようとしたのであろうか．ガロアの家は自由主義的な雰囲気であり，またカトリックを信仰していたようである．父はブール・ラ・レーヌの宗教問題をめぐって教会と対立し，このために1829年にパリで自殺をするが，葬儀はカトリックの聖職者によって行われた．埋葬の時に，式を司る神父と参列者の間でいざこざがあった．それから3年後，ガロアは決闘により死ぬ．その葬儀はカトリックの伝統に従ったものではなかった．

1832年5月30日ガロアは決闘によって重傷を負う．翌日になると腹膜炎が起こり，息を引き取る．カトリックでは死を目前にすると，僧侶が額に香油をぬる儀式があるが，ガロアはこれを拒否した．

聖職者を受け入れなかったことは，かなりはっきりした態度の

表明である．カトリックの儀式によって葬儀が行われた父親と違って，エヴァリストは反カトリックだったと思われる．フランス革命の熱烈な支持者であったベートーベンは，カトリックの信者であり，1827年3月26日死を前にして，この儀式を受けている．

　旧約聖書に起源を発するユダヤ教，キリスト教，イスラム教は一神教であり，正しいものは一つであると考える．我々の神に従うものは救われるが，そうでないものは地獄に落ちると説かれていることが多い．もっと直接的言葉で表現すれば，我々の神か地獄かどちらかを選択せよと迫られるのである．従ってこのような世界で暮らす人間は宗教についてあいまいな態度をとることは事実上不可能である．

　日本人は無宗教だと言われるが，本当にそうなのだろうか．結婚式はキリスト教で挙げ，正月には神社に参拝し，葬儀は仏教でという人が日本では普通かもしれないが，これは無信仰とは違う．それどころか適当にやっているところが，実生活において案外機能している面もある．

　逆に結婚式は役所で行い（これは余り難しくない），初詣には行かず，葬儀は役所に届けるだけにしたら，大変であろう．

　「宗教は阿片である」と言って，共産主義は宗教を否定した．しかし，共産主義体制の崩壊後，永い間の弾圧にもかかわらず，ロシアではロシア正教が，中央アジアではイスラム教があっという間に復活した．

　フランス革命に戻ろう．1791年の新憲法により，革命は立憲君主制に落ち着くかに見えたが，栄華を誇ったブルボン家のフランス国王としては状況が受け入れ難かったのであろう．1791年6月王ルイ16世の国外脱出の試みとその失敗等があり，王制廃止，共和制へと向かう．

　国内は内戦の危機にあるある一方で，近隣諸国は，王制をくつ

がえしたフランス革命を危険な思想と見なし，1792年4月よりプロシア，オーストリア等の近隣諸国と戦争が始まる．

1792年共和制の新憲法制定のための国民公会を設けた．国民公会の代議員は選挙によって選ばれた．選挙権は身分に関係なく25歳以上のすべての成人男子に与えられた．新憲法の制定がおくれたため，国民公会が3年間権力を行使した．国民公会は本来憲法制定のための立法機関であったが，事実上行政機関の働きもした．内外での危機的な状況の中で，1793年国民公会は公安委員会の創設を決定した．ロベスピエールを含む最終的なメンバー12名は9月に確定し，この公安委員会が1794年7月，テルミドールまで，フランスの政治を主導する．10月には「平和の到来まで，共和国憲法の実施停止」を宣言し，革命政府が独裁的な強権をふるう．いわゆる恐怖政治である．公安委員会は革命の敵と見なされた政治家，思想家，科学者，芸術家を次々とギロチンへ送った．1794年7月に，国民公会でロベスピエールに対する反乱が起こり，ロベスピエールが失脚して恐怖政治は終る．

その翌年1795年には国民公会は解散し，共和国憲法，共和歴III年の憲法による総裁政府の統治となる．総裁政府は穏健な共和主義者によって運営されていたが，急進派と保守派の間で困難な舵取りを強いられる．

国民公会は立法権と行政権を持つ異常な革命政府であり，恐怖政治を引き起こす．そのためマイナスのイメージが強い．しかし外国との戦争，内乱の恐れを乗り越えて1792年から95年までの間にフランス革命を精神に基づく政策を次々と実行したのである．

例えば，エコール・ポリテクニーク，エコール・ノルマルの設置は1794年，メートル法の導入は1795年の国民公会で決定されたのである．

ナポレオンの時代 (1799 – 1814)

　1795年テルミドールのクーデターの後，共和国憲法にもとづく総裁政府の時代となったが，王党派と革命派の争いの混乱が続いていた．ナポレオンは1796年イタリア遠征でオーストリア軍に大勝利し，独自の道を歩むことになる．ナポレオンはイタリアに幾つかの共和国を建国し，フランスの共和国憲法を基本とする憲法を自ら起草した．フランス革命の輸出である．つまり，フランス革命の原理をヨーロッパの他の国々に普及させたのである．例えば斜塔で有名なイタリアの町ピサに，スクオーラ・ノルマーレ・スペリオールという大学があるが，これはナポレオンがパリのエコール・ノルマル・シュペリュールをモデルにイタリアに設立したのである．

　1798年将軍ナポレオンは，イギリスのインドへの道を断つためにエジプトに遠征するが，ネルソンの率いるイギリス艦隊にアブキール沖での海戦に敗れる．エジプト遠征を失敗と認めエジプトを退出し1799年帰国するとクーデターによって政権をとった．

　プロシアの東の，ケーニヒスベルクに，目立たない男がいた．この男は規律正しい日課に従って暮らしていた．古今東西のあらゆる思想がこの地味な男とぶつかり，北海の海底に沈んでいった．この男の名はイマヌエル・カント．彼は数学（あるいは科学といってもよい）に先験的な普遍性を与えるとともに、形而上学の普遍性を否定してしまった．つまり数学的原理は経験に先立つ真理であり，ヨーロッパ人に限らず日本人でも，アフリカ人でも理解できる．何故なら数学的真理は普遍的であり個人の体験，バックグラウンドとは独立だからである．一方，形而上学的なもの，例えば宗教は，キリスト教徒と仏教徒がいくら論争をしたところで，

どちらが正しいとか，優れているかは確定できないとし，数学に絶対的な価値を認めるとともに，形而上学的なものを枠の外へ追いやってしまった．カントはフランス革命が起こると，その進展に注目し，パリからのニュースを待ち望み，彼の厳しい日課を守れなかったという．

オーストリアの首都ウィーンでは，ベートーベンがフランス革命を支持していた．彼はフランス革命の中に人類のための普遍な原理を認め，それに共感し，そのメッセージを音楽に込めて伝えようとしたのである．1989年ベルリンの壁が崩壊し，東ヨーロッパの全体主義体制が終ると，人々はベートーベンの音楽を演奏してそれを祝ったのである．この意味で東ヨーロッパの共産主義政権からの解放はフランス革命の精神の実現の一例であった．

このように，当時フランス以外の諸国でも人々は，王権にかわる，法律に基づく国民主権の政治制度を望んでいたのである．ナポレオンは戦争によってフランス革命の思想を諸国で政治制度として実現したのである．ナポレオンの軍事独裁政権を支持したのは革命によって豊かになったブルジョアジーと小土地所有農民であった．

1796年のイタリア遠征での勝利，1805年のアウステルリッツのロシア・オーストリア軍と戦った三帝会戦の勝利，翌年のプロイセン軍に対する勝利してのベルリン入城，大陸封鎖発令，1809年チロルで再びオーストリアを破るなど目覚ましい戦果を挙げるが，ナポレオンを悩ませ続けたのがイギリスである．1798年にエジプトに遠征したときもネルソンの率いるイギリス艦隊にアブキールで敗れている．1805年大陸封鎖に従わないイギリスを討つためにスペインでも戦うがトラファルガー沖の作戦で再びネルソンに惨敗する．この闘いでネルソンは銃弾を肺に受け戦死する．ネルソンはイギリス人の強さを代表するような人物で，1794年のコ

ルシカ攻略で右目を失い，さらに1797年の海戦では右腕を失いながらも，強靭な精神力で第一線で指揮をとりつづけたのであった．

1812年ロシア遠征に失敗し，1813年にはライプツィッヒでロシア・オーストリアの同盟軍に敗れナポレオン体制は崩壊する．

1814年ナポレオンが退位し，地中海のエルバ島へ流される．1815年エルバ島を脱出したナポレオンは兵を率いてパリにもどり帝位に復活するが，3ヶ月後ワーテールローでウェリントンの指揮するイギリス軍とブリュッヒャーのプロセイン軍の前に惨敗する．命からがらパリに帰るが臨時政府が組織され，退位させられる．ルイ18世が帰還し，ナポレオンの百日天下は終る．パリを逃れフランスのロッシュフォールに来たところ，イギリス軍に捕らえられる．アフリカ大陸から2000 kmも離れた南大西洋の孤島イギリス領セント・ヘレナ島に流刑となる．このようにナポレオンはイギリス軍にひどい目に遭わされつづけた．

ウィーン会議が開催され，フランス革命，ナポレオンといった混乱が2度とヨーロッパで起こらないように復古的な政治体制が注意深くつくられる．フランス革命を嫌う保守的なこの体制は，フランスにおける1830年の7月革命，1848年の2月革命，1871年のパリコミューン，さらには自由主義，民族独立問題，労働運動に揺さぶられながらも第1次世界大戦，ロシア革命まで約100年間ヨーロッパを支配することになる．第1次世界大戦とともに，ドイツ，オーストリア，ロシア，イタリアなど多くの国で，君主制が消滅する．

ナポレオンと言えば戦争を思い出す．確かにナポレオンは戦争によってヨーロッパの旧制度を廃し，新しい制度を導入した．その一方で，民法の整備，高校大学制度，銀行の設立，行政区分などにおいてフランス革命の成果をフランス国内の制度として定着

させ整備したのである．

　民法を例にとってみると，それまでフランスには全国に統一的な民法が存在しなかった．国民の自由，法の前の平等，私的所有権を保障した民法を4年かけて，1804年に完成させたのである．戸籍と結婚は教会の手を離れ，役所の行う世俗的な業務となった．離婚は認められたが，妻は夫に従うものとされ，家の長として夫には特別な権利が定められており，現在から見れば保守的な面もあった．

ガロアの生い立ち

　ガロアの伝記については沢山の出版物があり，その性格も内容も様々である．詳細はそれらの優れた著作に任せておいて，ここでは重要な点についてのみ述べる．彼の死をめぐる謎など，依然として議論の対象となっている点も多いものと思われる．

　よく知られたように，彼は決闘によってわずか20歳で，短く，激しい生涯を終えるのであるが，決闘の原因については多くの推察や想像がある．昔ガロアの伝記を読んだとき，決闘の原因は女性問題であると書いてあった．これを否定し，警察の陰謀とする説もある．一方で，この女性を特定する研究もあるようである．事実がどうであるのか不明であるが，父親の自殺の後，ガロアは死に向って直進する．決闘前夜に書かれた遺書も自分の死を予感していて何か変である．

　エヴァリスト・ガロアは1811年10月25日に，パリ郊外の町ブール・ラ・レーヌで生まれた．家は祖父の代から学校を経営していた．パリから距離があるためフランス革命によって打撃を受けることも少なかった．それどころか，革命のために女王の町，ブール・ラ・

レーヌは平等の町，ブール・ドゥ・レガリテと改名され，カトリック教会によって運営されてきた教育機関が次々と閉鎖される中で，一家の経営する学校は賑っていた．

この時代は王政復古の保守的な時代であった．1814年にナポレオンは失脚しイギリス軍に捕らえられ，地中海のエルバ島に流刑となった．ナポレオン後のヨーロッパを革命，自由主義から守るために，保守勢力はウィーン体制を築いた．フランスにおいては，王政が復活し，フランス革命中の1792年に処刑されたルイ16世の弟であるルイ18世がフランス国王となった．1815年ナポレオンは兵を率いて，エルバ島を脱出し，パリに帰還するが，ワーテルローの戦いで連合軍に敗れ，大西洋の孤島，イギリス領セント・ヘレナ島に幽閉される．1815年3月から6月までの約100日間，ナポレオンは権力の座に返り咲いたので，この期間をナポレオンの100日天下という．100日天下の間，ベルギーに難を逃れていたルイ18世はナポレオンの去った後，国王に復帰する．

フランス革命の始まりは1789年7月14日のバスチーユ襲撃に象徴される．革命はその後，極端に急進的な時期を経過しながらも，個人の諸権利を法により保障し，近代国家としてのフランスの社会制度の整備を行い，フランス革命の思想を実現してきた．1814年以降のウィーン体制は，フランス革命の思想からヨーロッパの旧体制を守るために注意深く用意されてきたものであった．この体制は，例えばフランスにおける1830年の7月革命，1848年の2月革命，その結果としての共和制への復帰などに揺さ振られながらも第1次世界大戦まで約100年間続くことになる．

エヴァリスト・ガロアの祖父には，2人の息子がいた．エヴァリストの父であるニコラ・ガブリエル・ガロアと伯父である．ニコラ・ガブリエル・ガロアは父親，つまりエヴァリストの祖父，より学校経営を引き継いだ．一方，その兄，エヴァリスト・ガロアの伯父は軍

人であり，ヨーロッパ各地を転戦した．フランス革命期のフランス軍の各国への侵攻は，フランス革命思想の近隣諸国への普及，旧体制の破壊と新制度の導入の意味も持っていた．エヴァリスト・ガロアは父親の性格，思想を受けついでいたが，軍人の伯父の影響も少なからずあった．信じられないかもしれないが，エヴァリストはミリタリズムに対する憧れがあった．軍隊の高等教育機関であるポリテクニークへ入学したがるのも，そこが数学研究の優れた教育機関であっただけではないようである．革命を支持する集会に出席するときは，時として国民軍の軍服を着て行ったし，死に向って走り出す最後の何年かは伯父が軍人であったことを思い出させる．

光の世紀と呼ばれる18世紀の自由な思想に共感していたガロア一族は，フランス革命による王政の廃止を喜んで受け入れた．父親ニコラ・ガブリエル・ガロアは，ナポレオンの100日天下のときに，ブール・ラ・レーヌの町長となり，その職を15年間務めることになる．

エヴァリスト・ガロアの母親の結婚前の名はアデライド・マリー・ドゥマントである．彼女の父トマ・フランソア・ドゥマントは法学博士であり，パリ大学の教授であった．彼はギリシア・ローマの古代文化に精通しており，子供達にギリシア語，ラテン語を習得させた．同時に，否定することはなく，子供達に伝統的なキリスト教の教育もした．どちらかといえばキリスト教の教養よりも，アデライド・マリーはギリシア・ローマ文化の方に興味を示した聡明な娘であった．

ドゥマントの家族がブール・ラ・レーヌに引越してきて，ガロアの家族が経営する学校の近くに住むようになったのが，2人が結婚するきっかけであった．結婚後エヴァリストの母親アデライド・マリーは，ニコラ・ガロアの経営する学校で，ギリシア語とラテン語を教えていた．当時は義務教育の制度は未だなかった．この制度

が導入され，教育が宗教から切り離されるのは 19 世紀の末である．12 歳でエヴァリストがパリのルイ・ルグラン校で高等教育を受けるために家を離れるまで，彼はギリシア語，ラテン語を始めとする教育をすべて母親から受けた．

エヴァリスト・ガロアの生まれた家庭は，18 世紀の啓蒙思想，ギリシア・ローマの文化の語られる明るくて，自由な雰囲気の中にあった．

フランス革命とキリスト教の関係を語ることは難しい．フランス革命は信教の自由を保障し，その結果カトリック教会の持つ世俗的な権力を次々と奪う．例えば教育，戸籍の管理からの宗教の排除などである．フランス革命以前は，出生，死去の記録は教会によって管理されていた．教育においてもキリスト教にもとづく教育が教会によって用意されていたのである．1789 年の人権宣言に書かれているように，フランスの革命は個人の基本的な権利の一つとして，信教の自由を保障した．宗教は大切なものであるが，個人の主観に依存するので，国が特定の宗教を支持するのは公正でないと考えたのである．そのため，教育，戸籍をカトリックから切り離し公共の，つまり役所の仕事としたのである．この実現には長い時間が必要であった．フランスにおいて宗教色を排除した義務教育が実現するのはフランス革命から 100 年後の 19 世紀末である．このためフランス革命は世俗権力としてのカトリック教会と激しく対立するが，それはフランス革命が反宗教的であることを意味するのではない．

ガロア一家がどの程度キリスト教の伝統を守っていたのかは，はっきりしないが，共和主義者であると同時に，日常的には常識的なキリスト教徒だったのであろう．町長であったエヴァリストの父ニコラ・ガブリエルは宗教問題が原因で，町の聖職者達と対立し，自殺に追い込まれるが，その葬儀はカトリックの伝統に従って行わ

れた．一方息子のエヴァリスト・ガロアは決闘の後，死の床にあってカトリックの儀式を拒否した．これは相当な決意のいる行動である．

ガロアの一族にエヴァリストの他に，数学や他の科学で才能を示したものは，特にいないようである．

ルイ・ルグラン I

1823年，12歳になると中学に入学するために家族と離れることになる．現在なら生地ブール・ラ・レーヌからパリのカルチエ・ラタンにあるルイ・ルグラン校まで電車を使えば30分程で行けるが，当時の交通

ルイ・ルグラン校，向かって右側

手段は馬車であった．ガロアは学校の寄宿生となったのである．フランスでは学年を卒業までに要する年数で数える．ガロアはルイ・ルグラン校の4年生として入学した．つまり，卒業まで4年間学校で学ぶ学年という意味である．進級するごとに，毎年，学年は1つずつ減っていくのである．

実はその2年前，ランスの中学で学ぶための奨学金を得たのであるが，母アデライド・マリーが，10歳で家族を離れ寄宿生となるのは幼すぎるという理由で反対したのである．

感じやすい12歳の少年は郷里の町の家庭での穏やかな生活とパリのルイ・ルグラン校での刺激に満ちた生活のあまりの違いに驚いた．ルイ・ルグラン校の古い校舎の中では，学友との競争，フラン

ス革命とナポレオンへの思い，旧体制，王制に対する憎しみと軽べつなどが渦巻いていたのである．もちろん，生徒たちの家庭はすべて進歩的であった訳ではない．カトリック教徒であり，フランスの伝統的な価値観を尊重する家庭の出身者も多かったであろう．フランス革命に共感する者，共和主義者といっても，その度合いはさまざまである．ただ王政復古となって，ブルボン家が王座に復帰しても，フランス革命を引き起こした社会の熱気は続いていたのである．この熱気は押さえつけることで消えるものではなく，1830年，1848年の革命と王制打破となって姿を現すのである．このような社会の空気を若者は感じとる．そして若者の反抗心と結びつき易い．王政復古の1815年以後のルイ・ルグラン校は静かではなかったのである．この8年の間に2人の校長が学生の反抗を抑えられず辞任に追いこまれたのである．

　最初の校長タイユフェール（Taillefer）氏は保守反動の象徴のような人物であり，生徒の反逆の標的となった．次の校長マルヴァル氏は，逆に生徒を静めるために，平和路線をとり自由主義に迎合して失敗した．ガロアが入学した当時の校長はベルト氏であった．彼は強硬な路線によって学校を統治しようとしていた．彼はイエズス会の修道士よりも保守的な規則を生徒に強いるために，着任したのだと生徒は即座に判断し，反ベルトの行動をとった．礼拝堂で聖歌を歌うのを拒否したのであった．すぐさま厳しい処罰が下された．ベルト校長は反乱の首謀者たちを，親への通告もなしに放校処分としたのである．生徒の反抗が極限に達していたとき，1824年の聖シャルル・マーニュ祭の事件は起った．例年のごとく，この日に校長は成績優秀者を食事に招待して表彰することになっていた．この式典の大切な行事として，国王のための乾盃があった．校長が盃を手にとり，「国王のために乾盃」と発声すると，他の参加者がそれを受けて「国王のために乾盃」と続けるのである．この日に招待された成績

優秀な生徒たちは,「国王のために乾盃」に唱和せず,黙っていることを約束し合っていた.当日,校長の「国王のために乾盃」に続いて,一部の先生がそれに唱和したが,その声は笑い声にかき消されたのである.

怒ったベルト校長は,1824年1月の終わりに成績優秀者といえども反逆者を退学処分としたのである.幸いガロアは成績優秀者の中に入っておらず,したがって食事にも招かれず放校処分にならずにすんだ.

ガロアは自由主義者の家庭に育った.母親からギリシア語,ラテン語の教育を受けた.彼の心の中には,自由,圧政との闘い,公共の利益のために自らが犠牲となることを重んじる種子がまかれていた.1823年から1824年1月までルイ・ルグラン校での数か月で,その種子は芽を出したのである.その木の芽,自由と祖国に対する貢献の芽はこの後ガロアの中で大きく育っていく.この年はガロアの生涯において決定的な年となったのである.

なおベルト校長は2年後の1826年,ガロアが第2学年を終った年に辞めている.社会情勢が不安定であるので,誰が校長を務めてもルイ・ルグラン校をうまく運営するのは難しかったのであろう.

ルイ・ルグラン II

ルイ・ルグラン校で最初の2年間は,ラテン語で第1位の賞を取ったりして,真面目に勉強していた.しかし,3年目の1826年になると,エヴァリストは退屈してきて勉強しなくなり落第する.その結果ますます勉学がつまらなくなる.この時期にエヴァリストの数学への興味が目覚める.

彼はルジャンドルの「幾何学原論」に出会って,小説を読むような

速さで理解していった．さらに，彼に決定的な影響を与えたラグランジュ，アーベルの論文へと15歳の少年は進む．これらの著作は当時の最先端の主題について専門家向けに書かれたものだった．しかし，学校の授業は相変わらずつまらなかった．恐らく学業に対する興味を全く失っていたのであろう．学年の終わりに，やる気と独創性がないという有り難くない評価をもらってしまう．

彼の先生ヴェルニエはエヴァリストに，しっかり勉強するように忠告するが，エヴァリストはこれを無視し，1828年十分な準備もしないでエコール・ポリテクニークを受験し，失敗する．

彼がポリテクニークに入学したかったのは，何よりも，そこが当時フランスの数学研究の中心であったからである．19世紀の初頭のエコール・ポリテクニークは，コーシー，ラグランジュ，フーリエ，ポアソンを擁する黄金時代にあった．フランスの中心であるばかりか，世界の最高峰の一つだったのである．

その他に，エコール・ポリテクニークは軍の管理する機関であったが，ブルボン家の支配する王政復古時代にあって，ナポレオン，共和主義という伝統もあった．また，フランス革命後フランスは近代国家として社会制度，工業基盤を急速に整えてきており，ポリテクニークを卒業することは将来を保障されることでもあった．エヴァリストの，1828年の受験失敗をめぐって，20年後に，

> 試験官よりも優れた受験生が，バカな試験官のせいで不合格となった．

と書いた人がいる．

ガロアはルイ・ルグラン校で，次の年のエコール・ポリテクニークの受験に備えることにする．数学の準備クラスで，やっと彼の理解者リシャール先生に出会う．彼はエヴァリストなら無試験でポリテクニークに入学させてもよいと思う程エヴァリストを評価してい

た．次の年，彼は最初の論文「連分数について」を出版する．この論文では，エヴァリストの天分を認めることはできない．

そうこうする内に，彼はガロア理論を発見し，科学アカデミーに原稿を提出する．この論文を審査したのが，コーシーである．彼自身既に置換の関数への作用について論文を出版していた．このコーシーのアイディアはガロア理論の鍵になるものであった．コーシーはガロアの提出した論文を，出版する価値なしと判断した．その8日後に提出された別の論文も同じ運命をたどった．その後，原稿は行方不明となり二度と発見されることはなかった．

1829年はガロアにとって，悲劇的な年であった．その年の7月2日，父ニコラ・ガブリエル・ガロアがパリで自殺したのである．宗教問題をめぐって町の聖職者との争いの果の出来事であった．父の死から数日後には，ポリテクニークの2度目の受験が控えていた．2度しか受験は許されておらず，これがポリテクニークに挑戦する最後の機会だったのである．

口頭試験の日，試験官のつまらない質問に怒ったガロアは，度を失い黒板消しを試験官に投げつけたといわれている．

また次のような話もある．

> 試験官はガロアに，算術対数について説明するように求めたが，ガロアは「算術対数とよばれるものはありません」と答えたため不合格になった．

いずれにせよ，不本意な形で不合格となってしまったのは痛ましい出来事であった．恐らく，衝撃的な事件である父親の自殺から数日しか経っておらず，ガロアが正常な精神状態で無かったことは，容易に推察できる．

2度のエコール・ポリテクニークの受験に失敗したガロアは，1829年当時準備学校と呼ばれていたエコール・ノルマルの前身に入学す

る.

　1830年2月,科学アカデミーの数学における最優秀賞を目指して,エヴァリストは論文を提出する.最上の論文を選ぶ場であれば,自分の論文も慎重に審査されると思ったのである.投稿した原稿はフーリエに届いた.熟読するために彼は論文を家に持ち帰った.しかし,フーリエは論文を読まずして,他界してしまう.そして,エヴァリストの原稿はフーリエの残した膨大な書類に埋れて,2度と発見されることはなかったのである.

　フーリエは数学者であるばかりではなく,ナポレオンのエジプト遠征にも参加し,グルノーブルを首都とするイゼール県の知事を務めた人物である.したがって相当の量の重要な書類を残して死亡したと思われるが,エヴァリストにとっては,何とも不運な出来事だった.

　これらのガロアの原稿をめぐる出来事を単なる不運ではないと主張する意見もある.取るに足りない利益を守るために奔走する一方,天才を無視して永遠に葬ってしまうのが権力の体質だというのである.

　父親の自殺,エコール・ポリテクニークの入学試験での2度目の失敗,権威によって無視される自分の原稿と続いた不運の中で,ガロアの心の中に権力に対する強い不信感と,反抗心が芽生えた.すべての人の権利を尊重し,保障するフランス革命の理想に,これまで以上に惹かれるようになる.折しもパリの政治状況は静かではなかったのである.

フーリエ

ナポレオンの失脚後，王政復古によってフランス国王となったブルボン家のルイ 18 世が 1824 年に亡くなると，その弟であるシャルル 10 世が国王となった．ルイ 18 世もシャルル 10 世も，断頭台で処刑されたルイ 16 世の弟であり，ブルボン家の本流であった．極端に保守的な国王シャルル 10 世は，評判がよくなかった．

1830 年の選挙ではリベラル派が勝ち，議会の第 1 党となってしまう．議会運営がうまく行かなくなった国王はクーデターによって，事態を打開しようとする．1830 年 7 月 25 日には新聞の出版の自由を禁止する．これらの政策に反対する市民は立ち上がり，パリにはバリケードが築かれる．市民の蜂起は 3 日続いたが，シャルル 10 世が退位し，ブルボン家の直系ではないオルレアン公，ルイ・フィリップを新しい国王に迎えることで妥協が成立する．1830 年の 7 月革命である．

この栄光の 3 日と呼ばれる 3 日間，エコール・ポリテクニークの学生たちは街頭に出て戦った．しかし，エコール・ノルマルの校長ギニョルは生徒の外出を禁止したので，ガロアもその仲間も街に出る事ができなかったのである．ガロアは新聞に校長の言動を非難する文章を投稿した．文章には投稿者ガロアの名前が入っていたが，編集者がガロアの名を消した．しかし，投稿者がガロアであることは知られ，そのため 1831 年 1 月放校処分とされる．

オーギュスト・シュヴァリエ

あこがれのエコール・ポリテクニークへの入学の道を断たれたガロアは，1829 年 10 月やむなく準備学校に入学する．挫折感を抱いての，気の進まない進学であったが，ここで彼は人生の宝というべき友人となるオーギュスト・シュヴァリエと出会う．彼は

温和で責任感の強い若者だった．ガロアは，彼に決闘の前夜にオーギュスト宛に遺言とも言うべき手紙を書くことからも，ガロアが彼を如何に信頼していたかが分かる．またオーギュストはガロアの死後，ガロアの望んだこと，ガロアの仕事を世に知らしめる仕事を責任を持って実行する．

このような友人と出会えることは希であり，非常に幸運なことである．たとえ挫折したとしても，運命を受け入れれば，新たな道が開けたのかも知れない．

> 幸せになる方法はただ一つ．それは人生で起きることすべてを，無条件で受け入れることだ．
>
> ルビンスタイン

ポーランドに生まれ，2度の世界大戦の苛酷な体験を生き抜いたピアニストの味わい深い言葉である．しかし，ガロアの場合はそうはならなかった．運命を受け入れることは容易なことではないし，神によって選ばれた人間，天才として生きることは安易な道ではない．

オーギュスト・シュヴァリエはサン・シモン主義の社会運動の組織に加わっていた．

サン・シモン (1760 – 1825)

イギリスのロバート・オーエンと並んでマルクスによって，空想社会主義者として評価されたクロード・アンリ・ドゥ・ルヴロア・サン・シモンはフランスの名

サン・シモン

門の貴族の出身である．18世紀，フランスの宮廷生活についての詳細な「回想録」で知られるサン・シモン公（ルイ・ドゥ・ルヴロア・サン・シモン）は彼の遠縁の親族にあたる．

彼は波乱に満ちた生涯を送った人で，アメリカの独立戦争に参加する．帰国するとフランス革命が起こり，フランス革命を支持する．国有財産の転売により巨大な利益を得るが，恐怖政治時代はリュクサンブール宮殿に監禁されていた．危うくもギロチンを免れ，1793年に釈放される．浪費癖のため貧困の境涯に転落し，1823年自殺を図るが，一命をとりとめる．失意の中で「新キリスト教主義」を執筆し1825年に亡くなった．

マルクスは，サン・シモンの思想を空想社会主義と評価したが，彼の思想には科学，実証主義的な側面も認められ，社会学を創ったオーギュスト・コントは数多い弟子の一人である．

彼は科学と産業の発展により理想の社会が実現できると考えた．理想社会においては，非産業階級に代わって，生産的，産業的階数が第1階級であるべきであると主張した．この思想は当時進行していたフランスにおける産業改革に適合するものであり，19世紀半ばには，資本家，銀行家の理論的支柱となったのである．彼の特異な点は，さらに精神の改革を求めたのである．つまり，新しい社会には，従来のキリスト教に代わる新しい倫理が必要であると考えたのである．

その倫理はキリスト教の精神を新しい時代，理想の社会に合うように改革したものであった．サン・シモンの思想の信奉者達は僧院と呼ばれる組織をつくり活動していたが，そこでは宗教的な儀式も行われていた．一種のコミューン，共同体の運動である．この点をマルクスはユートピア的と批判したのであろう．

ガロアが準備学校へ入学した1829年当時サン・シモンは既に亡くなっていたが，信奉者達は活動を続けていた．

その活動にオーギュスト・シュヴァリエは共鳴し，参加していた．彼はガロアにも僧院における集会にも参加するように勧めたが，ガロアは参加しなかった．オーギュスト・シュヴァリエには当時エコール・ポリテクニークの学生であった兄ミッシェルがおり，この人は後に政治家，経済学者となりサン・シモンの思想を実践し，発展させることになる．

死の誘惑

囲碁には敗着という語がある．「この手が敗着だった」と言えば，この一手が敗けを決定的にし，その後は，いかなる手を打とうとも勝ち目がなかったということを意味する．

ガロアにとっては，1829年7月2日の父親の自殺が，その後の残りの人生3年をすべて決定した．その日をもって彼は死に向って走り出す．ガロアは父親の後を追って自殺したようにも見える．

父親の死から1年後の1830年夏，故郷ブール・ラ・レーヌに帰ったガロアは，「民衆を蜂起させるために，もし死体が必要ならば，僕がそうなってもよい」と言って，母親を心配させた．明らかに，ここに自殺願望を認めることができる．

国民軍

1789年7月バスチーユが陥落すると，ルイ16世の軍隊はパリに留まることができなくなり，ヴェルサイユに退去する．

治安維持と革命推進のために，自発的に市民によって国民軍が組織された．国民軍は治安を維持する警察の仕事をすると同時に，必要とあれば実力行使によって革命を推進させる役を務めていた．フ

ランス革命の時代が過ぎ，政治体制が整ってくると，国民軍はその使命を終え，解散を命じられる．

1830年の栄光の3日では華々しい活躍をした国民軍であったが，新国王ルイ・フィリップは国民軍を非合法組織とし，その活動を禁止した．地下活動に入っていた国民軍にガロアは入会した．ガロアが国民軍に入ったのは，もちろんフランス革命を支持する彼の政治思想によるが，それだけではなく彼の軍隊に対する憧れがあったことは否定できない．

個人の権利を保障する「人権宣言」と後に国歌となった軍歌ラ・マルセイエーズに代表される軍国主義が共存するのはフランス革命の恐らく最大の矛盾であろう．この批判はガロアにも当てはまる．

1830年末，非合法組織である国民軍のメンバー19人が，軍の制服を着てパリの街を歩いていたため逮捕される．その中の何人かは，武器を持っていた．19人は裁判にかけられるが全員無罪となる．19人が無罪になったことを祝うパーティが1831年5月9日に開かれた．「自由に乾盃！」「革命に乾盃！」と盃を重ねると，酒も回り会は異様な高揚感に包まれた．宴もたけなわのその時，短刀を抜いたガロアは「国王ルイ・フィリップに乾盃！」と叫んだ．誰しも，一瞬耳を疑ったが，直ぐに「国王に死を！」という意味だと解釈して，大声で同じ言葉を叫んだ．その後参加者は平常心を完全に失っていた．ヴァンドーム広場[1]で踊り明かすために，大声を出して通りを走り出すものもいた．

翌日ガロアは逮捕される．裁判では，ナイフはパンを切るために，いつも持っているとか，「ルイ・フィリップに死を」と言った後に「もし彼が裏切ったら」と言ったのに皆の声にかき消されて聞こえな

---

[1] 高級ブランド店の並ぶことで知られる．ショパンは1849年この広場に面した部屋で亡くなる．

かったとか主張し，無罪となる．

逮捕と入獄

1831年7月14日，バスチーユ陥落の革命記念日を祝うためにバスチーユ広場に向っていたガロアは，セーヌ川にかかる橋ポン・ヌフの上で逮捕される．ナイフとピストルを持ち，禁止されている国民軍の制服を着ていたのである．

当時のガロアは警察に監視されており，警察は逮捕の機会を狙っていたのである．禁固6ヶ月の有罪判決が下され，聖ペラジーの刑務所に送られる．しかし，1832年にコレラが流行し，病院に移される．そして，仮釈放される．

自由の光

自由の身となったガロアに，朝日のような新しい光がさし込む．片想いではあるが，彼は恋に落ちたのである．父親の死後，激しく暗い日々を送って来た彼に，人生は再び微笑むかのように見えた．近年の詳しい研究から，ガロアが思いを寄せた女性はステファニー・フェリシー・ポトラン・デュモテル[2]であることが判明した．ガロアが収容された病院の医師の娘である．しっかりとした家庭の娘であり，浮わついた話でも，激しい恋愛事件でもなかった．

この恋愛こそが，死へ向かうガロアを破滅の道から救い出す最後の機会だった．ステファニーに恋心を抱いたということは，不幸な出来事の連続にもかかわらず，彼の中にそれを乗り越える力があったのを示している．しかし，残念ながら，ガロアの思いは実を結ばなかった．ステファニーはガロアの告白を丁寧に節度ある態度で断った．

---

[2] 彼女は1840年に語学の教師と結婚した．

あなたが，私への好意のためにして下さいましたこと全てに感謝します．

　この種の挫折は誰しも経験することであり，こうした経験を通じて大人になっていく．しかし，ガロアにとってはそうではなかった．窓からやっと差し込んだ朝の光は消えたのである．

死の5日前の手紙

　これから先が謎に包まれる．それから決闘が行われ，ガロアは死ぬのである．自由の身となったガロアの1832年5月25日付のオーギュスト・シュヴァリエ宛ての手紙が残っている．この手紙はオーギュストの手紙の返事であるが，オーギュストの書いた手紙は残っていない．

　決闘は5月30日に行われたので，その5日前の手紙ということになる．この手紙は世の中に対するガロアの激しい怒りと憎しみで満ちている．親友に心を開いて自分の気持ちを伝えているが，どういう訳か5日後に彼の命を奪う恋愛事件については何も語っていない．

　当時オーギュストはメニルモンタンにあるサン・シモン主義者の僧院と呼ばれる共同体で暮らしていて，そこで静かに生活することを，ガロアに提案していた．ガロアは書いている．

　　　よい友よ，使徒の優しさにあふれた君の手紙は，少し僕の気持ちを静めた．しかし，僕が経験したような激しい感情の影を消すことはどうしてもできない．
　　　・・・・・・憎しみ，これが全てだ．・・・・・・
　　　暴力が必要ないことは，頭の内で解っている．しかし，暴

力が必要だと心の内で感じてしまう．苦しい目に会わされた
だけで，復讐しないのは嫌だ．

これは危機的な精神状態である．幸福になるために，あるいは
自分を立て直すためにどうしたらよいのか正常な判断ができなく
なっている．何故だか，対極にある次の言葉を思い出すのは，オー
ギュストが僧院にいるからだろうか．

　貪るな．愚痴を言うな．腹を立てるな．
臨済

決闘前夜の手紙

決闘の前夜の1832年5月29日夜，ガロアは3通の手紙を書い
た．3通とも自分が明日決闘で死ぬことを確信して書かれており，
決闘前夜にしては不自然な感じがするのを否めない．決闘で勝つ
かもしれないし，たとえ敗れても怪我をするだけかも知れないか
らである．この3通の手紙の中で最も長く重要なものは，友人オー
ギュスト・シュヴァリエに宛てたものであり，数学についての
ガロアの遺書となっている．他の2通は短い手紙で，1通は共和
主義者の仲間に，もう1通は知人 N. L. と V. D. に別れを告げる
内容である．この中で，ガロアは祖国のためではなく，つまらな
い恋愛事件が原因で死ぬのを嘆いている．

　　僕はある，おぞましい恋愛事件の犠牲となって死ぬ．くだ
　　らない騒ぎの中で僕の命は消える．
　　どうして，このような無意味なことのために死ななければ
　　ならないのか．これ程軽蔑すべきことのために．・・・

これを見れば，ガロアの態度が極めて自己否定的であることが分かる．また，恋愛事件については全く具体性，現実感が感じられない．

オーギュスト・シュヴァリエ宛の手紙を見てみよう．

> 親愛なる友よ，
> 僕は数学において新しい発見を幾つかした．
> 即ち，方程式論に関する仕事と，アーベル積分に関する仕事である．
> 方程式論では，方程式がベキ根で解ける条件を追求した．この理論を進展させ，ベキ根によって解けない場合でも，方程式の許す変換全体（現代的に言えば，方程式のガロア群）を記述するのに成功した．
> これらの仕事については3扁の論文がある．

このあと，3扁の論文についての要約が数ページ続く．興味あるのは手紙の終わりである．ここで，この他に研究してきた主題があることを告白する．残念なことにこの部分が，特に日本で，誤解されているようである．

> ・・・オーギュスト君，君も知っているように，僕が研究してきたのは，これらのテーマだけではない．しばらく前から，僕が深刻に考えていたのは，「曖昧さの理論」の解析学への応用である．数や関数の間の関係式があるとき，この関係式を損なうことなく，どのような変換が許されるかという問題である．この方法によって，期待される多くの関係式が実は成り立たないことが証明できる．しかし僕には時間がない．

この分野は広大であり，僕の考察は未だ十分ではない．

　この手紙を百科全書誌に掲載してくれるよう君にお願いする．

　これまでに，証明の完成していない定理をあえて主張したこともよくあった．しかし，ここに書いたことは，もう一年も僕の頭の中にあったことである．それに，完全に証明できていない定理を主張していると疑う人もいるので，誤りのないように気を付けなければならないことも承知している．

　これらの定理の真偽ではなくて，その重要性について，ガウスとヤコビの意見を公に求めてくれるよう君にお願いする．

　その後に，この整理されていない作品を解読するのに興味を持つ人が出て来て欲しい．

　　心から君を抱擁する．

1932 年 5 月 29 日　　　E. ガロア

ここで問題となるのは，「曖昧さ」の理論とは何を意味するかである．高木貞治は「近代数学史談」で，「曖昧さ」とはモノドロミーのようなものであろうと言っている．一方彌永昌吉 [I] は「多様性」の理論と訳している．しかし，次に続くガロアの説明から，「曖昧さ」の理論はガロア理論に他ならないと解釈するのが自然である．したがって，「曖昧さ」の理論の解析学への応用とは，現代的に言えば，超越関数体のガロア理論である．つまり，微分方程式のガロア理論のアイディアをガロアは既に持っていたと思われる．

ガロア理論とは「曖昧さ」の理論である

　例えば，光学天体望遠鏡で天体，星を観測するとしよう．観測する対象は星であり，観測方法は天体望遠鏡である．さて，観測の方法を光学天体望遠鏡に限れば，観測には限界がある．つまり，天体望遠鏡では区別できないものが存在する．この限界が，観測の「曖昧さ」である．

　観測する対象を天体から代数方程式に換え，観測方法を加減乗除とする．そうすると，この方法による代数方程式観測には限界がある．この測量方法で観測できないものこそが，「曖昧さ」であり，方程式のガロア群なのである．

　観測の方法を改善すれば，「曖昧さ」は減る．したがって，「曖昧さ」などない方がよいと思うかも知れない．確かに，この意見は正しい．しかし，どの様な観測方法を採用しようとも，その方法の限界はある．その限界，「曖昧さ」を調べるのが大切だということがガロア理論の基本となる考え方なのである．

謎の決闘

　決闘の相手が誰であるかも諸説ある．一番知りたいのは何故決闘が行われたかである．決闘の原因については，次の3つの説に要約される．

(1) 恋愛事件説．つまり，ガロアはライバルの男性との決闘で死んだ．

(2) 警察による暗殺説．ステファニーへの思いを，警察が利用して決闘を仕組んだ．警察の陰謀によりガロアは殺された．

(3) 殉教死説. ガロアは民衆を蜂起させるために，自分の体をさし出した．したがって，決闘の相手を務めたのはガロアの仲間，共和主義者である．

何十年か前インフェルトという物理学者の書いた「神々のめでし人」というガロアの伝記を読んで感動したのを思い出す．インフェルトは (1) の説を取るが，彼の創作による部分も多く，史実とは一致しないことに注意する必要がある．例えば，ガロアの相手の女性がエーヴという実在しない女性となったりしている．またガロアの相手ステファニーが常識的家庭の娘であることが判明した現在，ライバルによりガロアが殺されたとするのはいかにも不自然である．数学，革命，愛のために 20 歳で死ぬというのはロマンチックであるけれど．

(2) の暗殺説が，一般的に信じられて来たが，この説の難点は，1848 年の 2 月革命により王制が終わると，王政復古時代の権力の陰謀が次々と明るみに出てきたにもかかわらず，ガロアの死に結びつく事実が見つからないことにある．ガロアの家族はこの説を唱えている．

(3) の殉教死説は 1996 年に提案された新しい説である．そうならばガロアの死は自殺である．私は歴史を検討したことはない素人であるが，心情としては殉教死説が理解できる．今後の検討が待たれる．

出版されたガロアの論文

学士院では無視され続けたガロアであったが，彼を認めてくれた人達もいた．数学の専門誌の編集者フェリュサックは 1830 年にガ

ロアの4篇の論文を，彼の雑誌に掲載したのである．この雑誌は，コーシー，ポアソン，ヤコビ等の論文を掲載する雑誌であった．

　一方，学士院との関係はうまく行っていなかった．フーリエの死とともに原稿が行方不明になってしまったことに，学士院も責任を感じたのであろう．1831年の1月に学士院から，論文を再提出するように勧める手紙が，ポアソンの名前で送られて来る．迷った挙句，ガロアはこの提案を受け入れ，論文を再提出する．しかし，その後3か月経っても相変わらず音沙汰なしであったので，不安になったガロアが学士院に問い合わせた．

　ポアソンは7月4日，次のように報告した．

　　ガロアの論文を理解するために，あらゆる努力をしたが，彼の推論は明確ではなく，また整理されていないので，それが正しいかどうか判断することは不可能である．

　アカデミーは結局この論文も拒絶したのである．

最後の4年間

　1828年7月から決闘に倒れる1832年5月までは，多くの事件が目まぐるしく起こるので，全体の流れが一回で分かるように表にまとめておく．

1828年7月　エコール・ポリテクニーク受験，失敗．
　　　　　　数学準備クラスでリシャール先生と出会う．
1829年5月～6月　学士院に論文を提出（1回目）．
1829年7月　父親の自殺．
　　　　　　エコール・ポリテクニーク再受験，失敗．
1829年10月　準備学校に合格，入学．

(1830 年 9 月　準備学校の校名が師範学校となる．)

1830 年 2 月　学士院に論文を提出 (2 回目)．

1830 年 7 月　7 月革命．

1830 年 8 月～12 月　「人民の友」と国民軍に入る．

1830 年 12 月　師範学校より放校．

1831 年 1 月　学士院に懸賞論文を提出 (3 回目)．

1831 年 5 月　乾盃事件．

1831 年 7 月　学士院が論文を拒否．

1831 年 7 月　政府により禁止されていた革命記念日の行事に参加しようとしたところを逮捕される．その後の裁判で有罪となる．

1831 年 12 月　サント・ペラジー刑務所に入所．刑期 3 ヶ月．

1832 年 3 月～5 月　コレラ流行のためフォートリエ療養所に移される．刑期終了後もここにとどまる．この間，ステファニーに出会う．

1832 年 5 月 29 日　決闘の前夜．3 通の遺書を書く．

1832 年 5 月 30 日　決闘で重傷を負う．

1832 年 5 月 31 日　死亡．

ガロアの残した 3 つの伝説

ガロアが余りに特異な生涯を送ったため，多くの伝説，誤解が生まれた．それらから 3 つを選び真偽を確かめよう．

伝説 1　歴史に残るような大数学者は，幼少の頃から才能を発揮する．30 歳を過ぎた数学者は年寄りである．

確かにガロアは，現代の日本で言えば高校生の年齢で，歴史に残る仕事をした．このように，非常に若い年齢で，異常な能力を示す

数学者は少なくない．例えば19歳のガウスは正17角形が定規とコンパスで作図できることを発見し，その喜びによって，数学の研究の道を選んだという．彼は正17角形が定規とコンパスで作図できることを発見して，証明しただけではない．それだけでも，ギリシア以来全く進展のなかった分野に新しい光をもたらした画期的な仕事であるといえる．彼はさらに進んで正 n 角形が定規とコンパスで作図できる条件が n の算術的な条件に帰着できることを証明したのである．

夜空に輝く星座を思わせるギリシアの地中海的ともいえる幾何学の世界が，実は整数の性質，算術とも深く関わっていることを示した最初の例となったのである．このようにして19歳の少年ガウスはギリシア人の枠を軽々と飛び越えたのである．つまり彼こそがこの時，リーマン，デデキント，ヒルベルトを経て，グロタンディェクの代数幾何学に到る数学の算術化への扉を開いたのである．

しかし，ゆっくりと才能を開花させる場合もある．ワイエルシュトラス (1815–1897) はその例である．彼はボン大学で学生生活を送ったが，そこで学んだのは数学ではなく法律であった．しかも彼は毎晩飲み屋で浮かれ，フェンシングが得意であったというあまり芳しくない話も伝わっている．その後，独学で数学を学ぶが，気の毒なことに数学者としては最も重要な30歳から40歳の時期を学問的な生活とは無縁な寒村で過している．それでも数学の研究を続けて業績が評価され，41歳にして，やっとベルリン大学に迎えられるのである．結論を言えば，才能が早く開花する場合も，そうでない場合もある．

30歳限界説について考察しよう．ガロアの全集を1897年に編集したピカール (1856–1941) は当時フランス数学会の会長であった．この人はガロアのアイディアを微分方程式に応用した最初の人である．彼は長生きをし晩年まで仕事をしている．

ピカールと並んで，微分方程式のガロア理論で重大な貢献をしたフランスの数学者ヴェッシオ (1865-1957) は，70 歳を越えても数学の研究を続けて論文を書いている．人にもよるが，ガウスのように，優れた数学者は，30 歳で仕事を終えることなく一般に，比較的長い活動の期間をもつ．だから，ガロアを始め，39 歳で亡くなったリーマン，26 歳で他界したアーベルの早すぎた死が惜しまれるのである．リーマンとアーベルはともにプロテスタントの牧師の家に生まれ，胸の病によって天に召されたのである．

伝説 2 ガロアが決闘で死ななかったら，19 世紀の数学の流れはドイツよりもフランス優勢となったであろう．つまり，ドイツで発見された発展した理論のかなりの部分がフランス発となったであろう．

これは次の 2 つの仮説に基づいている．まず第 1 に，彼が決闘で倒れないこと，第 2 にさらにその後，数学の研究に関心を抱き続けることである．第 1 の仮定を認めても，第 2 の条件が問題である．デュピュイという歴史家がガロアの伝記を 1896 年に発表した．そこで次のように興味深いことを言っている．

> この天才が 20 歳で死ななかったらと，ガロアの短すぎる一生を嘆く数学者の声をよく聞く．しかし，そうではない．ガロアは彼の運命を力一杯生きたと思われる．彼が心から望んだようにエコール・ポリテクニークに入学できたとしても，ヴァノと一緒に 7 月にバリケードの中で殺されたかも知れない．そうならないとしても，2 年後に決闘と同じようにつまらない事のために死ぬのを嘆くことになるかも知れない．何故なら決闘を行わなかったとしても，確かに 1832 年 6 月の最後の日々，その時彼は彼の祖国のために死ぬことを信じることができたのだから．

伝説3 ガロアの発見は当時の数学の水準をはるかに越えていたために, 理解されなかった. 一言で言えば, 天才の悲劇である.

数学上の大きな業績は確かに時代の水準を越える. しかし一方で数学だけでなく, 一般に科学における発見では, 時代の流れ, 好期到来, という要素も見逃せない. つまり歴史的に既に準備が整っており, 才能がある好運な人がその場に居合わせて, それに気づくと, 一気に新しい世界が開ける場合も多い. 例えば微分積分学の発見ではニュートンとライプニッツが同じ時期に同じような理論に気づいている.

ガロアの場合, 彼自身が, 他の人が同じことを考えはしないかと心配している.

> しかし, 次の事が心配なのでこの度, 公表に踏み切ることにした. すなわちもっと優秀な数学者が現われて, これと同じ結果を得たとすれば, 私は長い間の研究によって得た成果を発表する機会を全く失うことになるかもしれないからである.
>
> ガロアの論文の序文

その通りなのである. この予感は正しい. ガロアが発見しなくても, 同じようなことは同じ時代に誰かが発見したであろう.

数学者は自分の発見したことを言語により記述する. 機は熟しているといっても, 言語が用意されているとは限らない. 画期的な発見の場合は自ら言語を作って自分の考えを伝えなければならない. したがって, 重要な論文が一般の数学者には理解し難い作品になることも多い. しかし, 幸運な場合には, 優れた数学者なら他の数学者にとって解読が難しい論文の価値を把握できることがある. 特にガロアの仕事の場合はそうであった. だから彼はシュヴァリエへの最後の手紙の中で次のように書いているのである.

君はヤコビかガウスに，これらの定理の真偽ではなく，その
　　　重要性について公に問うてくれたまえ．

　同時代の数学者の中でも最上の人は自分の仕事の価値が理解できるとガロアは信じていたのである．ガロアの死後，数十年に進行して行った業績の評価はむしろ順調であり，それほど不運なものではなかった．もちろん，父親の自殺，ポリテクニークの入試での不可解な行動，政治活動，決闘による死と激しい人生であったが．

　ガウスは研究が完全な形をとらないと発表しなかった．発表された論文はどれも完璧で非の打ちどころのない作品として賞賛された．彼は超幾何級数の論文を2篇書いたが，発表したのはその第1部だけであった．第2部は完全な原稿が残っていたが，発表をためらっていた．当時，関数論が確立されておらず，解析接続の概念がなく，多価関数の導入で誤解を招くのを恐れて発表を見あわせたものと思える．

　このように慎重な数学者は珍しい．

　ガロアよりももっと理解されなかった数学者は，いくらでも挙げることができる．

　代数幾何学に19世紀終わりから20世紀初頭にかけて活動したイタリア学派という一派がある．この学派の数学者は，代数曲面とも呼ばれる2次元代数多様体，さらに進んで3次元代数多様体の研究をした．19世紀の終わりといえば，リーマンに始まる代数曲線論，1次元の代数多様体の理論がやっと出来上がったばかりの頃である．イタリア学派はその時，既に2次元，3次元を目ざしていたのである．トポロジーもコホモロジーも無いので，追求に使用できる道具も，結果を記述する言語も無かった．彼らの研究結果を疑う人も少なからずいたが，位相幾何学，多変数関数論が完成し，また代数幾何学の基礎付けがされると，彼らの仕事が正しいことが次々と認められ，新しい言語によって誰にでも理解できるように

なった．かつては特殊な能力を持った特定のグループの人にしか理解不能であったのが，誰でも大学院で専門教育を受ければ理解できるようになったのである．それまでに数十年を要したし，理解するためにはガロア理論よりも大がかりな仕組みを用意する作業を必要とした．ただ多くの場合，彼らの生涯はガロアほど特異なものではなかったかも知れない．

別の例はパンルヴェ (1865-1933) の仕事である．パンルヴェはフランス首相も務めた異色の数学者である．この人は楕円関数を一般化する，微分方程式で定義される特殊関数を追求した．彼の仕事は，やはり難解であって，正しいのか正しくないのか長い間議論の対象となったが，100年以上が経過した現在正しいことが確定してきた．理解が難しかった原因は，やはり発見を記述する言語の欠如であった．

最後の例はエリー・カルタン (1869-1951) である．群論の解析学への応用を考えたフランスの数学者で，リー擬群というものを研究した．一言で言えば群の多様体への作用を研究したのである．ヴェイユはエリー・カルタンの仕事に注目し，彼の主催する数学者の集団ブルバキの目標を次のように定めた．数学全体の統一のとれた基礎付け，およびエリー・カルタンを理解すること．

このエリー・カルタンの理解という点において，ブルバキはあまり貢献できなかった．他の数学者の仕事によってエリー・カルタンの理解は進んだけれど，未だ不十分である．実はエリー・カルタンを理解するのと，ガロアのアイディアを解析学において発展させることとは深い関係があるのである．イタリア学派，パンルヴェ，エリー・カルタン，これらの数学者は程度の差はあるが，時代を越えていた．発見したものを記述する言葉が不足していた．したがって，表現があいまいで，論理的に行間を埋めるのが難しい．パンルヴェは別として，イタリア学派，エリー・カルタンとなると，ガロ

ア理論よりもはるかにスケールの大きい仕事であり,理解をするための作業は困難を極める.

　以上でガロアだけが特に理解されなかった訳ではないことが分ると思う.

ii. ガロア理論＝「曖昧さ」の理論

野口英世

　決闘の前夜に書いた手紙で，ガロアは，これまで彼が研究してきたのは「曖昧さ」の理論であると述べている．「曖昧さ」という単語が，よく理解されていないように思われる．「曖昧さ」とは多様性であるとか，モノドロミーであるとか言う意見もあるが，そうではなくて，「曖昧さ」こそがガロア理論そのものである．

　「曖昧さ」と意味が近い言葉としては「遊び」がある．ここでいう「遊び」は「楽しみ」を意味するのではなく，「ゆとり」というような意味である．例えば自動車のハンドルの「遊び」という時の「遊び」である．ハンドルに「遊び」があるために，運転手のハンドル操作が「ゆとり」を持って車に伝わって，快適なドライブができるのである．

　別の例を挙げれば，伝統的な工法によって建てられた五重塔は，地震，台風の衝撃を揺れることによって吸収する．力に対して力で抵抗するのではなくて，「ゆとり」で力をかわすのである．これは，「遊び」を取り入れた優れた建築技術である．

　では，ガロア理論のどこに「遊び」があるのかを説明しよう．数学でも，物理学でも科学の多くの理論は，観測をし，その結果を論理的に記述することから成り立っている．観測方法を決めれば，観測されるものが限られてくる．つまり，観測にはおのずと限界がある．

　例えば，野口英世 (1876-1928) は千円札の肖像にもなっており，非常に知名度の高い細菌学者であり，ノーベル医学賞の候補者となった．黄熱病の正体をつきとめ，その治療法を確立するために乗り込んだガーナで，自らも黄熱病にかかり，帰らぬ人となって波乱の人生の幕を閉じる．しかし，野口が追求し，発見したと信じていた黄熱病の病原体はウイルスであり，彼の持っていた光学顕微鏡で

は観測不可能だったのである．光学顕微鏡による観測の「曖昧さ」の陰にウイルスは隠れているのである．この例で，観測法を一つ決めれば，それによって観測できるものと観測で

野口英世のカメラ付顕微鏡

きないものが決ってくることが理解できると思う．

　そうならば，「曖昧さ」など無いほうがよいのではないか，顕微鏡は高性能のほうがよいに決まっていると誰しも思うかもしれないが，そうでもないのである．この観測できない部分が興味深いデータを含んでいるのである．代数方程式

$$a_0 x^n + a_1 x^{n-1} + \cdots + a_n = 0$$

を，ある観測方法を指定して観測すると，観測の「曖昧さ」，観測不能な部分として，この代数方程式のガロア群が取り出せるのである．この「曖昧さ」の理論は代数方程式のみでなく，線型微分方程式にも，さらには非線型微分方程式にも応用できるのである．これこそガロアが決闘の前夜に夢見ていたことである．

あなたの愛と私の愛は，違うかも知れない

　高等学校で「$x^2+1=0$ となる数 $x=i$ を考えます」と説明されて，$i=\sqrt{-1}$ を学ぶ．最初は違和感があるものの，慣れるのは恐ろしいもので，しばらくすると何とも思わなくなる．若いということは素晴らしい．理論的に，i を正当化する方法として，多項式環 $\mathbb{R}[x]$ のイデアル (x^2+1) による剰余環 $\mathbb{R}[x]/(x^2+1)$ を考える方法を述べる (iv 数学の基礎参照)．

　ところで，上に挙げた説明で $i=\sqrt{-1}$ を考えることは納得した

として，i と $-i$ はどう区別するのであろう．

高等学校の教室に戻ろう．先生が $i=\sqrt{-1}$ を導入する．次の規則で計算しますと先生は宣言する．まず信じ難いかも知れないが，$i^2=-1$ である．より一般に a, b, c, d を実数とするとき，$(a+bi)(c+di)=ac-bd+(ad+bc)i$ と計算しますと教えられる．この規則に基づいて，計算の練習問題をやり，複素数を学ぶ最初の1時間が終わる．

まあ，このような有様であったと思う．さてここで，一人の反抗的な少年がいたとする．こういう変わったことを考えるのは，優等生の少女ではなくて，少年と相場が決っている．彼は発言する．「僕は先生の i を使いません．その代りに $-i$ を使います．先生の i と区別するために $I=-i$ と置きます．そうすれば，$I^2=(-i)^2=-1$ ですし，$(a+bI)(c+dI)=(ac-bd)+(ad+bc)I$ であって全く同じ計算ができます」

さて皆さんは，この少年にどう答えますか．i と I は違う．後で習う複素平面を考えれば明らかになる．複素平面を考えて上にあるのが i で下にあるのが $-i$ だと説明するかもしれない．いや，上にあるのが I であっても，構わないのではないかと考えられる読者もあるかもしれない．

実はこれこそが代数方程式 $x^2+1=0$ の持つ「曖昧さ」なのである．

定理1 代数方程式 $x^2+1=0$ の2つの解 $i, -i$ は区別ができない．つまり，i と $-i$ は入れかえても構わない．つまり，実数体 $\mathbb{R}$ 上の代数方程式 $x^2+1=0$ のガロア群は2つの文字 $\{1, 2\}$ の置換全体 $S_2=\{1, (12)\}$ である．

と先生が一息ついたところ，教育実習に来ていた数学科の大学生が次のような質問をする．

疑問 有理数体 $\mathbb{Q}$ 上で考える．この場合も，方程式 $x^2-2=0$ のガロア群は S_2 であると思うのです．それならば，$\sqrt{2}$ と $-\sqrt{2}$ は「曖昧」でなければなりません．しかし，2つの解は曖昧ではなくて一方は正，一方は負であって区別できます．何か変です．

その通りだ．ガロア群はこの場合も S_2 である．また $\sqrt{2}$ は正であり，$-\sqrt{2}$ は負であって両者は区別ができる．

もう一度，野口英世の例にもどる．彼の探していたのは黄熱病の病原体であるウイルスである．このウイルスは彼の光学顕微鏡では見えない．しかし，他の方法を使えば観測できる．つまり，「曖昧さ」を問題にするときには観測方法をはっきりさせなければならない．代数方程式を観測するときに，使用する顕微鏡を指定する必要があるのである．大切なので，まとめておく．

「曖昧さ」を問題にするときには，観測方法を明確にしておかなければならない．

それならば代数方程式を観測するときの道具とは何であるのか．それには，ガロアの目標とした問題を思い出す必要がある．

中学校で学ぶ2次方程式 $ax^2+bx+c=0\ (a\neq 0)$ の解の公式
$$x=\frac{-b\pm\sqrt{b^2-4ac}}{2a}$$
は2000年以上前からギリシア人によって知られていたという．おそらく，西洋以外の文明でもこの公式は知られていたのであろう．16世紀イタリアのルネサンスの数学者は，この公式を3次方程式

と4次方程式に拡張するのに成功した．さらに5次以上の代数方程式についても，同様の公式を得ることが追求され続けていた．ガロアも一時，5次方程式について，同様の公式を発見したと信じたことがあった．失敗に気がついてから，ガロアが目ざしたのは，同様の公式をつくることが不可能であることを証明することであった．その当然の結果として，観測方法は次のように定める．

観測方法 代数方程式の観測に使うのは，加減乗除と等式のみとする．

$\sqrt{2}$ と $-\sqrt{2}$ については，一方が正であり，一方が負であって区別できるか，これは不等式を用いた観測であって，ルールによって排除されている．等式のみを用いれば，$x=\sqrt{2}$ でも $x=-\sqrt{2}$ でも，$x^2=2, (a+bx)(c+dx)=ac+2bd+(ad+bc)x$ となって，やはり区別できないのである．

「曖昧さ」をどう記述するか

得られた所見を，うまく記述することは，新しい事実の発見と同じ位大切である．発見した事は，i と $-i$ が加減乗除と等式では区別できないということであった．言い換えれば，代数方程式 $x^2+1=0$ の2つの解 α_1, α_2 は対等であるという事である．これを次のように表現することもできる．等号とか加減乗除に関する限り，α_1 と α_2 をとり換えても構わない．数学的には次のように表現する．

$f(x_1, x_2)$ を実数係数の2変数多項式とする．

つまり，$f(x_1, x_2) \in \mathbb{R}[x_1, x_2]$ である．さらに，$x_1=\alpha_1, x_2=\alpha_2$ を代入したとき $f(x_1, x_2)$ の値

$$f(\alpha_1, \alpha_2)$$

は実数であると仮定する．このとき，
$$f(\alpha_1, \alpha_2) = f(\alpha_2, \alpha_1).$$
これを証明しよう．

$\alpha_1 = i$, $\alpha_2 = -i$ としてよい．$f(x_1, x_2) \in \mathbb{R}[x_1, x_2]$ で，$f(\alpha_1, \alpha_2) = f(i, -i) = a \in \mathbb{R}$ とする．$g(x) = f(x, -x)$ と置くと，$g(x) \in \mathbb{R}[x]$ である．仮定より，$g(i) = f(i, -i) = a \in \mathbb{R}$ である．一方，生徒が見つけたように，$g(-i) = g(i) = a$ である．つまり，$a = g(-i) = f(-i, -(-i)) = f(-i, i)$ となり，
$$f(i, -i) = f(-i, i)$$
である．

例で確かめてみると次の様になる．
$$f(x_1, x_2) = x_1^2 + x_1 x_2 \in \mathbb{R}[x_1, x_2]$$
とすれば，
$$f(\alpha_1, \alpha_2) = i^2 + i(-i) = -1 + 1 = 0,$$
$$f(\alpha_2, \alpha_1) = (-i)^2 + (-i)(i) = -1 + 1 = 0.$$

$f(\alpha_1, \alpha_2) \in \mathbb{R}$ であれば，常に
$$f(\alpha_1, \alpha_2) = f(\alpha_2, \alpha_1)$$
である点が大切である．つまり，α_1 と α_2 に関する対称性として，i と $-i$ が区別できない事実が記述できるのである．

$\mathbb{R}$ 上の代数方程式 $x^2 + 1 = 0$ のガロア群は α_1 と α_2 の入れ替えであると記述するのである．

別の例を見てみるとはっきりする．

$\mathbb{R}$ 上代数方程式
$$x^2 - 3x + 2 = 0$$
を考える．

この方程式は

$$x^2-3x+2=(x-2)(x-1)=0$$

となって，実数解 $\alpha=1$, $\beta=2$ を持つ．$\alpha=1$ と $\beta=2$ は実数であり区別がつく．それを上の型を使って述べる．

例えば次の多項式 $f(x_1, x_2) \in \mathbb{R}[x_1, x_2]$ を考える．

$$f(x_1, x_2) = x_1$$

そうすれば $f(\alpha, \beta) = f(1, 2) = 1 \in \mathbb{R}$.
しかし，$f(\beta, \alpha) = f(2, 1) = 2$ であって，

$$f(\alpha, \beta) \neq f(\beta, \alpha)$$

である．解 $\alpha=1$ と $\beta=2$ は $\mathbb{R}$ の中で区別されてしまうので，α と β を入れ替えることができないのである．

この事実を次のように記述する．

実数体 $\mathbb{R}$ 上の代数方程式

$$x^2-3x+2=0$$

のガロア群は単位元のみから成る群 E である．

代数方程式 $x^2-3x+2=0$ の解に対称性はないのであるが，それを単位群

$$E=\{I\} \subset S_2$$

の形で述べたのである．

ここまでくれば，実数体 $\mathbb{R}$ 上の一般の 2 次方程式のガロア群をどう決めたらよいかが分かる．

実数体 $\mathbb{R}$ 上の 2 次代数方程式

$$ax^2+bx+c=0, \ a \neq 0, \ a,b,c \in \mathbb{R}$$

を考える．$D=b^2-4ac \neq 0$ と仮定する．この方程式の 2 つの解を α_1, α_2 とする．

次の 2 つの場合が生じる．

(1) 2 変数の多項式 $f(x_1, x_2) \in \mathbb{R}[x_1, x_2]$ を考える．
　$f(\alpha_1, \alpha_2) \in \mathbb{R}$ ならば，常に $f(\alpha_1, \alpha_2) = f(\alpha_2, \alpha_1)$ である．

(2) 2 変数の多項式 $f(x_1, x_2) \in \mathbb{R}[x_1, x_2]$ が存在して，

$f(\alpha_1, \alpha_2) \in \mathbb{R}$ であり，$f(\alpha_1, \alpha_2) \neq f(\alpha_2, \alpha_1)$ となる．

代数方程式 $x^2+1=0$ が (1) の場合であり，α_1, α_2 に関して対称性を持つ場合である．

代数方程式 $x^2-3x+2=0$ が (2) の場合であり，α_1, α_2 に関する対称性を持たない．

(1) の場合，2 次方程式のガロア群は，2 次対称群 S_2 であると定める．(2) の場合は，ガロア群は単位群 E であると定める．

この定義から次の定理を証明することは，容易である．

定理 2　$\mathbb{R}$ 係数の重解を持たない 2 次方程式
$$ax^2+bx+c=0, \ (a,b,c \in \mathbb{R}, \ a \neq 0)$$
を考える．このとき，次が成り立つ．
(1) 2 次方程式が実数解を持たなければ，そのガロア群は 2 次対称群 S_2 である．
(2) 2 次方程式が実数解を持てば，そのガロア群は単位群である．

これまで，$x^2-2=0$ の例を除いて，実数体 $\mathbb{R}$ 上で説明したが，$\mathbb{R}$ を有理数体 $\mathbb{Q}$ に置き換えても同じである[1]．

19 世紀風に

2 次方程式の場合のガロア群の定義を，一般の代数方程式に拡張

---

[1] 本書で考える体は，特にことわらない限り，複素数体の部分体であると仮定する．

することは容易である．理論誕生の雰囲気を味わうために，すべて19世紀風にする．そうしてみると，出発点にあるアイディアがよく分かる．しかしこの方法には欠陥もある．何故なら，同時にその後の発展が如何に素晴らしかったかも分かるからである．結局は，その後の新しい発展をとり入れて理解する方が正確で，解り易いのである．恐らく発見から数十年間はガロアの理論は難解なものであったに違いない．しかし現在は決して難しい理論ではなく，数学科の学生ならば学部で学ぶ．

さて，体 K の上の代数方程式

$$a_0 x^n + a_1 x^{n-1} + \cdots + a_n = 0 \qquad (*)$$

を考える．したがって，$0 \leq i \leq n$ について，$a_i \in K$ であり，$a_0 \neq 0$ である．代数方程式 $(*)$ は重解を持たないとする．簡単のため，K は複素数体 $\mathbb{C}$ の部分体であると仮定する．理解し易いように $K = \mathbb{Q}$ と仮定しても構わない．

方程式 $(*)$ の解を $\alpha_1, \alpha_2, \cdots, \alpha_n$ とする．

さて，n 変数の K-係数多項式環 $K[x_1, x_2, \cdots, x_n]$ の次の部分環 S を考える．

$S = \{f(x_1, x_2, \cdots, x_n) \in K[x_1, x_2, \cdots, x_n] \mid f(\alpha_1, \alpha_2, \cdots, \alpha_n) \in K\}$.

一般に $\alpha_i \notin K$ であるので，K-係数の多項式 $f(x_1, x_2, \cdots, x_n)$ に $x_i = \alpha_i$ を代入すると，その値は複素数となってしまって，K に入るかどうかは分らないが，そうなるもの全体 S を考えるのである．S が定数である K-係数多項式全体 K を含む環となることは自明である．

さて，n 個の数字からなる集合 $\{1, 2, 3, \cdots, n\}$ の置換全体のなす群を n 次対称群という（iv 数学の基礎参照）．n 次対称群 S_n の部分集合

$G = \{\sigma \in S_n \mid$ 任意の $f(x_1, x_2, \cdots, x_n) \in S$ について，

$$f(\alpha_1, \alpha_2, \cdots, \alpha_n) = f(\alpha_{\sigma(1)}, \alpha_{\sigma(2)}, \cdots, \alpha_{\sigma(n)})\}$$

を考える．部分集合 G は n 次対称群の部分群となる．

群 G を K 上の代数方程式($*$)のガロア群という．2次方程式の場合には，どうなるか上に見た通りである．

古楽器で奏でるガロア群の例

例1 有理数体 $\mathbb{Q}$ 上の代数方程式
$$x^4 - 4x^2 - 5 = 0$$
を考える．
$$x^4 - 4x^2 - 5 = (x^2 + 1)(x^2 - 5)$$
であるので，方程式の解は
$$\alpha_1 = i, \ \alpha_2 = -i, \ \alpha_3 = \sqrt{5}, \ \alpha_4 = -\sqrt{5}$$
である．これらの解が等式と加減乗除のみを用いて区別できるかを考える．例えば $\alpha_1 = i$ と $\alpha_2 = -i$ は既に見たように，入れかえて，計算しても全く差しつかえない．α_1 と α_2 つまり 1 と 2 を入れかえる置換
$$\begin{pmatrix} 1 & 2 & 3 & 4 \\ 2 & 1 & 3 & 4 \end{pmatrix}$$
はガロア群 G に含まれる．全く同じ理由で $\alpha_3 = \sqrt{5}$ と $\alpha_4 = -\sqrt{5}$ を区別することはできないので，3 と 4 を入れ換える置換
$$\begin{pmatrix} 1 & 2 & 3 & 4 \\ 1 & 2 & 4 & 3 \end{pmatrix}$$
もガロア群 G に含まれる．一方，$\alpha_1^2 + 1 = 0$, $\alpha_2^2 + 1 = 0$, $\alpha_3^2 - 5 = 0$, $\alpha_4^5 - 5 = 0$ であるので，α_1 または α_2 を α_3 や α_4 と入れかえることはできない．つまり，α_1 と α_3, α_1 と α_4, α_2 と α_3, α_2 と α_4 は区別できるので，入れ換えられない．定義にもどってより正確にやれ

ば次のようになる．

$f(x_1, x_2, x_3, x_4) = x_1^2$ を考える．
$$f(\alpha_1, \alpha_2, \alpha_3, \alpha_4) = \alpha_1^2 = -1 \in \mathbb{Q}$$
であるので，ガロア群 G の定義より，

$\sigma \in G$ とすれば
$$-1 = f(\alpha_1, \alpha_2, \alpha_3, \alpha_4) = f(\alpha_{\sigma(1)}, \alpha_{\sigma(2)}, \alpha_{\sigma(3)}, \alpha_{\sigma(4)}) = \alpha_{\sigma(1)}^2$$
よって，$\sigma(1) = 1$ または 2 である．同様にして，$\sigma(2) = 1$，または 2，$\sigma(3) = 3$，または 4，$\sigma(4) = 3$，または 4 と結論できるのである．したがって，区別のできない入れ換えは，
$$\begin{pmatrix} 1 & 2 & 3 & 4 \\ 1 & 2 & 3 & 4 \end{pmatrix}, \begin{pmatrix} 1 & 2 & 3 & 4 \\ 2 & 1 & 3 & 4 \end{pmatrix}, \begin{pmatrix} 1 & 2 & 3 & 4 \\ 1 & 2 & 4 & 3 \end{pmatrix}, \begin{pmatrix} 1 & 2 & 3 & 4 \\ 2 & 1 & 4 & 3 \end{pmatrix}$$
である．代数方程式 $x^4 - 4x^2 - 5 = 0$ の有理数体 $\mathbb{Q}$ 上のガロア群 G は 4 次対称群 S_4 の部分群
$$\left\{ \begin{pmatrix} 1 & 2 & 3 & 4 \\ 1 & 2 & 3 & 4 \end{pmatrix}, \begin{pmatrix} 1 & 2 & 3 & 4 \\ 2 & 1 & 3 & 4 \end{pmatrix}, \begin{pmatrix} 1 & 2 & 3 & 4 \\ 1 & 2 & 4 & 3 \end{pmatrix}, \begin{pmatrix} 1 & 2 & 3 & 4 \\ 2 & 1 & 4 & 3 \end{pmatrix} \right\}$$
であり，この群 G は直積 $S_2 \times S_2$ と同型である．つまり，α_1 と α_2，α_3 と α_4 は「曖昧さ」の中にあって区別できないが，それを除いて α_1, α_2 と α_3, α_4 のグループは区別できるのである．

例2 有理数体 $K = \mathbb{Q}$ 上の代数方程式
$$x^4 + x^3 + x^2 + x + 1 = 0 \qquad (*)$$
のガロア群を計算しよう．
$$x^5 - 1 = (x-1)(x^4 + x^3 + x^2 + x + 1)$$
であるので，ζ が代数方程式 $(*)$ の解であれば，$\zeta^5 = 1$ である．したがって，$(*)$ の解は

$$\zeta = e^{\frac{2\pi i}{5}} = \cos\frac{2\pi}{5} + i\sin\frac{2\pi}{5},$$

$$\zeta^2 = e^{\frac{4\pi i}{5}} = \cos\frac{4\pi}{5} + i\sin\frac{4\pi}{5},$$

$$\zeta^3 = e^{\frac{6\pi i}{5}} = \cos\frac{6\pi}{5} + i\sin\frac{6\pi}{5},$$

$$\zeta^4 = e^{\frac{8\pi i}{5}} = \cos\frac{8\pi}{5} + i\sin\frac{8\pi}{5}$$

である．

$$\alpha_1 = \zeta,\ \alpha_2 = \zeta^2,\ \alpha_3 = \zeta^3,\ \alpha_4 = \zeta^4$$

とおく．したがって

$$\alpha_1^2 = \alpha_2,\ \alpha_1^3 = \alpha_3,\ \alpha_1^4 = \alpha_4,\ \alpha_1^5 = 1 \qquad (**)$$

である．

さて，$f_l(x_1, x_2, x_3, x_4) = x_1^l - x_l$，$l = 2, 3, 4$ とおくと，多項式 $f_l(x_1, x_2, x_3, x_4) \in \mathbb{Q}[x_1, x_2, x_3, x_4]$ である．
$f_l(x_1, x_2, x_3, x_4)$ に $x_1 = \alpha_1$，$x_2 = \alpha_2$，$x_3 = \alpha_3$，$x_4 = \alpha_4$ を代入すると，

$$f_l(\alpha_1, \alpha_2, \alpha_3, \alpha_4) = \alpha_1^l - \alpha_l = \zeta^l - \zeta^l = 0$$

である．

特に，$f_l(\alpha_1, \alpha_2, \alpha_3, \alpha_4) \in K = \mathbb{Q}$ であるので，σ を方程式のガロア群 $G \subset S_4$ の元とすれば，

$$0 = f_l(\alpha_1, \alpha_2, \alpha_3, \alpha_4) = f(\alpha_{\sigma(1)}, \alpha_{\sigma(2)}, \alpha_{\sigma(3)}, \alpha_{\sigma(4)}) = \alpha_{\sigma(1)}^l - \alpha_{\sigma(l)}.$$

つまり

$$\alpha_{\sigma(l)} = \alpha_{\sigma(1)}^l,\ l = 2, 3, 4. \qquad (\dagger)$$

$\sigma(1) = 1, 2, 3, 4$ であるから，各々の場合を調べる．

(1) $\sigma(1) = 1$ の場合，つまり $\alpha_{\sigma(1)} = \alpha_1$ となる場合．($\dagger$)と($**$)より，

$$\alpha_{\sigma(1)} = \alpha_1,\ \alpha_{\sigma(2)} = \alpha_1^2 = \alpha_2,\ \alpha_{\sigma(3)} = \alpha_1^3 = \alpha_3,\ \alpha_{\sigma(4)} = \alpha_1^4 = \alpha_4.$$

つまり，$\sigma(1)=1, \sigma(2)=2, \sigma(3)=3, \sigma(4)=4$ であって
$$\sigma = \begin{pmatrix} 1 & 2 & 3 & 4 \\ 1 & 2 & 3 & 4 \end{pmatrix}$$
となって，σ は恒等置換である．

(2) $\sigma(1)=2$ の場合，つまり $\alpha_{\sigma(l)}=\alpha_2^l$ となる場合．(†) と (**) より，$\alpha_1^5=1$ に注意して，
$$\alpha_{\sigma(1)}=\alpha_2, \quad \alpha_{\sigma(2)}=\alpha_2^2=(\alpha_1^2)^2=\alpha_4,$$
$$\alpha_{\sigma(3)}=\alpha_2^3=(\alpha_1^2)^3=\alpha_1,$$
$$\alpha_{\sigma(4)}=\alpha_2^4=(\alpha_1^2)^4=\alpha_3.$$
つまり，$\sigma = \begin{pmatrix} 1 & 2 & 3 & 4 \\ 2 & 4 & 1 & 3 \end{pmatrix}$.

(3) $\sigma(1)=3$ の場合，つまり $\alpha_{\sigma(l)}=\alpha_3^l$ となる場合．(†) と (**) より，$\alpha_1^5=1$ に注意して，
$$\alpha_{\sigma(1)}=\alpha_3,$$
$$\alpha_{\sigma(2)}=\alpha_3^2=(\alpha_1^3)^2=\alpha_1,$$
$$\alpha_{\sigma(3)}=\alpha_3^3=(\alpha_1^3)^3=\alpha_1^4=\alpha_4,$$
$$\alpha_{\sigma(4)}=\alpha_3^4=(\alpha_1^3)^4=\alpha_1^2=\alpha_2.$$
したがって，
$$\sigma = \begin{pmatrix} 1 & 2 & 3 & 4 \\ 3 & 1 & 4 & 2 \end{pmatrix}.$$

(4) $\sigma(1)=4$ の場合，つまり $\alpha_{\sigma(l)}=\alpha_4^l$ となる場合．(†) と (**) より，$\alpha_1^5=1$ に注意して，
$$\alpha_{\sigma(2)}=\alpha_4^2=(\alpha_1^4)^2=\alpha_1^3=\alpha_3,$$
$$\alpha_{\sigma(3)}=\alpha_4^3=(\alpha_1^4)^3=\alpha_1^2=\alpha_2,$$
$$\alpha_{\sigma(4)}=\alpha_4^4=(\alpha_1^4)^4=\alpha_1.$$
つまり，
$$\sigma = \begin{pmatrix} 1 & 2 & 3 & 4 \\ 4 & 3 & 2 & 1 \end{pmatrix}.$$

したがって
$$G \subset \left\{\begin{pmatrix} 1 & 2 & 3 & 4 \\ 1 & 2 & 3 & 4 \end{pmatrix}, \begin{pmatrix} 1 & 2 & 3 & 4 \\ 2 & 4 & 1 & 3 \end{pmatrix}, \begin{pmatrix} 1 & 2 & 3 & 4 \\ 3 & 1 & 4 & 2 \end{pmatrix}, \begin{pmatrix} 1 & 2 & 3 & 4 \\ 4 & 3 & 2 & 1 \end{pmatrix}\right\}.$$

右辺は $\begin{pmatrix} 1 & 2 & 3 & 4 \\ 2 & 4 & 1 & 3 \end{pmatrix}$ あるいは $\begin{pmatrix} 1 & 2 & 3 & 4 \\ 3 & 1 & 4 & 2 \end{pmatrix}$ を生成元とする 4 次巡回群であり，群 $\mathbb{Z}/4\mathbb{Z}$ と同型である．さて，
$$G = \left\{\begin{pmatrix} 1 & 2 & 3 & 4 \\ 1 & 2 & 3 & 4 \end{pmatrix}, \begin{pmatrix} 1 & 2 & 3 & 4 \\ 2 & 4 & 1 & 3 \end{pmatrix}, \begin{pmatrix} 1 & 2 & 3 & 4 \\ 3 & 1 & 4 & 2 \end{pmatrix}, \begin{pmatrix} 1 & 2 & 3 & 4 \\ 4 & 3 & 2 & 1 \end{pmatrix}\right\}$$
を示す．それには，次のようにするとよい．概略のみを示すが，難しいものではない．

補題 1 $x^4+x^3+x^2+x+1 \in \mathbb{Q}[x]$ は $\mathbb{Q}$ 上の既約多項式である．

補題 1 より，$\alpha_1^4+\alpha_1^3+\alpha_1^2+\alpha_1+1=0$ であるので，体の $\mathbb{Q}$-同型
$$\tau_1 : \mathbb{Q}[x]/(x^4+x^3+x^2+x+1) \simeq \mathbb{Q}[\alpha_1], \quad x \longmapsto \alpha_1$$
を得る (iv 数学の基礎参照)．

同様にして，体の $\mathbb{Q}$-同型
$$\tau_2 : \mathbb{Q}[x]/(x^4+x^3+x^2+x+1) \simeq \mathbb{Q}[\alpha_2], \quad x \longmapsto \alpha_2$$
を得る．合成写像
$$\tau_{12} := \tau_2 \circ \tau_1^{-1} : \mathbb{Q}[\alpha_1] \to \mathbb{Q}[\alpha_2], \quad \alpha_1 \longmapsto \alpha_2$$
は体の $\mathbb{Q}$-同型写像である．

一方，$\mathbb{Q}[\alpha_1] = \mathbb{Q}[\alpha_1, \alpha_1^2, \alpha_1^3, \alpha_1^4]$ であり，$\alpha_2 = \alpha_1^2$ であるので，
$$\mathbb{Q}[\alpha_2] = \mathbb{Q}[\alpha_2, \alpha_2^2, \alpha_2^3, \alpha_2^4] = \mathbb{Q}[\alpha_1^2, (\alpha_1^2)^2, (\alpha_1^2)^3, (\alpha_1^2)^4]$$
$$= \mathbb{Q}[\alpha_1^2, \alpha_1^4, \alpha_1, \alpha_1^3].$$
したがって，$\mathbb{Q}[\alpha_1] = \mathbb{Q}[\alpha_2]$ であって，
$$\tau_{12} : \mathbb{Q}[\alpha_1] \simeq \mathbb{Q}[\alpha_2] = \mathbb{Q}[\alpha_1], \quad \alpha_1 \longmapsto \alpha_2 = \alpha_1^2$$
は体 $\mathbb{Q}[\alpha_1]$ の $\mathbb{Q}$-自己同型となる．このとき，

$$\tau_{12}(\alpha_2) = \tau_{12}(\alpha_1^2) = \tau_{12}(\alpha_1)^2 = \alpha_2^2 = (\alpha_1^2)^2 = \alpha_1^4 = \alpha_4,$$
$$\tau_{12}(\alpha_3) = \tau_{12}(\alpha_1^3) = \tau_{12}(\alpha_1)^3 = \alpha_2^3 = (\alpha_1^2)^3 = \alpha_1,$$
$$\tau_{12}(\alpha_4) = \tau_{12}(\alpha_1^4) = \tau_{12}(\alpha_1)^4 = \alpha_2^4 = (\alpha_1^2)^4 = \alpha_1^3 = \alpha_3$$

であることに注意しておく.

さて, $\mathbb{Q}$-係数の多項式 $f(x_1, x_2, x_3, x_4) \in \mathbb{Q}[x_1, x_2, x_3, x_4]$ を考え, $f(\alpha_1, \alpha_2, \alpha_3, \alpha_4) \in \mathbb{Q}$ であると仮定する.

$f(\alpha_1, \alpha_2, \alpha_3, \alpha_4) = c \in \mathbb{Q}$ とおく. $f(\alpha_1, \alpha_2, \alpha_3, \alpha_3)$ は $\mathbb{Q}$-係数の多項式 $f(x_1, x_2, x_3, x_4)$ に $x_1 = \alpha_1, x_2 = \alpha_2, x = \alpha_3, x = \alpha_4$ を代入して得られるので, $f(\alpha_1, \alpha_2, \alpha_3, \alpha_4) \in \mathbb{Q}[\alpha_1, \alpha_2, \alpha_3, \alpha_4] = \mathbb{Q}[\alpha_1]$ である. 故に

$$f(\alpha_1, \alpha_2, \alpha_3, \alpha_4) - c = 0 \in \mathbb{Q}[\alpha_1]$$

である. $\mathbb{Q}[\alpha_1]$ の $\mathbb{Q}$-自己同型 τ_{12} を, これに施せば,

$$\tau_{12}(f(\alpha_1, \alpha_2, \alpha_3, \alpha_4)) - \tau_{12}(c) = 0.$$

τ_{12} は $\mathbb{Q}$-自己同型であるので, $c \in \mathbb{Q}$ であるから, $\tau_{12}(c) = c$. $f(x_1, x_2, x_3, x_4)$ は $\mathbb{Q}$-係数であるので,

$$\tau_{12}(f(\alpha_1, \alpha_2, \alpha_3, \alpha_4) - c) = \tau_{12}(0) = 0,$$
$$f(\tau_{12}(\alpha_1), \tau_{12}(\alpha_2), \tau_{12}(\alpha_3), \tau_{12}(\alpha_4)) - c = 0.$$

つまり

$$f(\alpha_2, \alpha_4, \alpha_1, \alpha_3) - c = 0.$$

以上より,

$$f(\alpha_1, \alpha_2, \alpha_3, \alpha_4) = c = f(\alpha_2, \alpha_4, \alpha_1, \alpha_3).$$

ガロア群 G の定義より,

$$\begin{pmatrix} 1 & 2 & 3 & 4 \\ 2 & 4 & 1 & 3 \end{pmatrix} \in G.$$

同様の考え方により,

$$\begin{pmatrix} 1 & 2 & 3 & 4 \\ 3 & 1 & 4 & 2 \end{pmatrix}, \begin{pmatrix} 1 & 2 & 3 & 4 \\ 4 & 3 & 2 & 1 \end{pmatrix} \in G$$

を示すことができて,

$$G = \left\{ \begin{pmatrix} 1 & 2 & 3 & 4 \\ 1 & 2 & 3 & 4 \end{pmatrix}, \begin{pmatrix} 1 & 2 & 3 & 4 \\ 2 & 4 & 1 & 3 \end{pmatrix}, \begin{pmatrix} 1 & 2 & 3 & 4 \\ 3 & 1 & 4 & 2 \end{pmatrix}, \begin{pmatrix} 1 & 2 & 3 & 4 \\ 4 & 3 & 2 & 1 \end{pmatrix} \right\}$$

であることが分かる.

$$\frac{x^5-1}{x-1} = x^4+x^3+x^2+x+1$$

であり, 5次方程式 $x^5-1=0$ の解は 1, ζ, ζ^2, ζ^3, ζ^4 であり, 複素平面上で考えると, 単位円に内接する正5角形の頂点を形づくっている(図1). このため, 4次方程式 $x^4+x^3+x^2+x+1=0$ を円分方程式とよぶ.

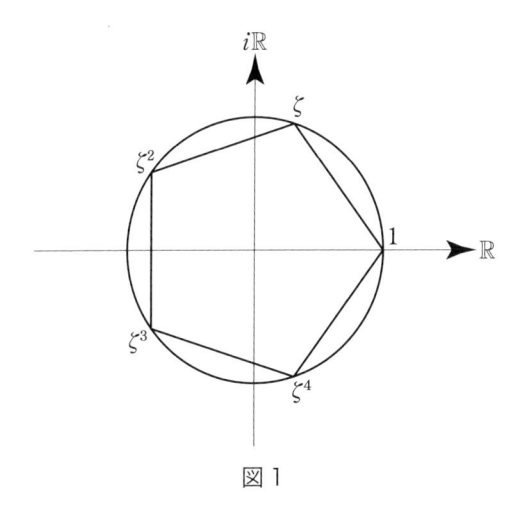

図1

五重塔に釘を打つ

一般に4次方程式を考えれば, そのガロア群は4次対称群の部分群である. その位数は $4!=24$ の約数である. それに比べて, $\mathbb{Q}$ 上の代数方程式 $x^4+x^3+x^2+x+1=0$ のガロア群は $\mathbb{Z}/4\mathbb{Z}$ であり小さかった. その理由はどこにあるのであるかを考えてみよう.

代数方程式 $x^4+x^3+x^2+x+1=0$ の解を上に使った記号を用いて, α_1, α_2, α_3, α_4 とすると,

$$\alpha_2 = \alpha_1^2, \ \alpha_3 = \alpha_1^3, \ \alpha_4 = \alpha_1^4$$

であった．振り返ってみると，これらの等式，つまり $\mathbb{Q}$-係数の代数関係式が，ガロア群を小さくしたのが分かる．次のように解釈すると分かり易い．

(1) 代数方程式 $x^4+x^3+x^2+x+1=0$ ガロア群が小さいということは，解 $\alpha_1, \alpha_2, \alpha_3, \alpha_4$ の「曖昧さ」が小さいということである．

(2) 解 $\alpha_1, \alpha_2, \alpha_3, \alpha_4$ の関係式 $\alpha_2 = \alpha_1^2, \ \alpha_3 = \alpha_1^3, \ \alpha_4 = \alpha_1^4$ は方程式のガロア群を小さくした．言い換えれば「曖昧さ」を減らした．

まとめれば次のようになる．解の間の代数関係式は「曖昧さ」を減らす．解は代数関係式によってそれだけ動きにくくなる．

言ってみれば，代数関係式は「遊び」のあるしなやかな五重塔に釘を打ち込むようなものである．

$\mathbb{Q}$ 上の 4 次方程式 $a_0 x^4 + a_1 x^3 + a_2 x^2 + a_3 x + a_4 = 0$ ($a_0 \neq 0$, $a_1, a_2, a_3, a_4 \in \mathbb{Q}$) を考えよう．この解を $\alpha_1, \alpha_2, \alpha_3, \alpha_4$ とすると，解と係数の関係

$$\alpha_1 + \alpha_2 + \alpha_3 + \alpha_4 = -\frac{a_1}{a_0},$$

$$\alpha_1\alpha_2 + \alpha_1\alpha_3 + \alpha_1\alpha_4 + \alpha_2\alpha_3 + \alpha_2\alpha_4 + \alpha_3\alpha_4 = \frac{a_2}{a_0}$$

$$\alpha_1\alpha_2\alpha_3 + \alpha_1\alpha_2\alpha_4 + \alpha_1\alpha_3\alpha_4 + \alpha_2\alpha_3\alpha_4 = -\frac{a_3}{a_0},$$

$$\alpha_1\alpha_2\alpha_3\alpha_4 = \frac{a_4}{a_0}$$

が成り立つ．もし，4 次方程式 $a_0 x^4 + a_1 x^3 + a_1 x^2 + a_3 x + a_4 = 0$ が一般的であれば，解 $\alpha_1, \alpha_2, \alpha_3, \alpha_4$ の間に上の解と係数の関係を除いて，代数関係はなく，ガロア群は 4 次対称群 S_4 となる．

> **定義** 4次方程式 $x^4+x^3+x^2+x+1=0$ の解の間の関係 $\alpha_1^l = \alpha_l$ のような,解の間の $K=\mathbb{Q}$-係数の代数関係式を制約とよぶ.

$x^4+x^3+x^2+x+1=0$ ような特別な4次方程式においては,$\alpha_1^l = \alpha_l$ のような制約条件が生じて,ガロア群は4次対称群の部分群となる.

これで次の定理が理解できる.

> **ネーターの定理** 代数方程式が特別なものであればある程ガロア群は小さくなる.

証明 例えば,一般の4次方程式では解 $\alpha_1, \alpha_2, \alpha_3, \alpha_4$ の間に,解と係数の関係の他に制約がなく,そのガロア群は4次対称群 S_4 である.代数方程式を特殊化すればする程,制約が増加し,五重塔に釘が打ち込まれ,ガロア群は小さくなる.

他の例を見てみよう.

例3 例2と全く同様にして $\mathbb{Q}$ 上の16次方程式
$$x^{16}+x^{15}+\cdots\cdots+x+1=0$$
のガロア群は巡回群 $\mathbb{Z}/16\mathbb{Z}$ である.

この事実より,正17角形が定規とコンパスで作用できると主張するガウスの定理が導かれることは後に示す.

例4 代数方程式 $x^3-2=0$ のガロア群を計算しよう.この方程式の解は
$$\alpha_1 = \sqrt[3]{2},\ \alpha_2 = \sqrt[3]{2}\,\omega,\ \alpha_3 = \sqrt[3]{2}\,\omega^2.$$

ここで，$\omega = \dfrac{1}{2}(-1+\sqrt{-3})$ である．したがって，$\omega^2 + \omega + 1 = 0$ である．

$L = \mathbb{Q}(\sqrt[3]{2}, \sqrt[3]{2}\,\omega, \sqrt[3]{2}\,\omega^2)$ とおく．

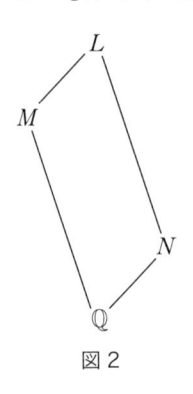

$M = \mathbb{Q}(\sqrt[3]{2})$, $N = \mathbb{Q}(\omega)$ とおくと，M, N は L の部分体であって，図 2 の包含関係がある．この図で例えば L と M が線で結ばれ，L が M の上にあるのは，体 M が体 L の部分体であることを示している．あるいは，体 L が体 M の拡大体であると言ってもよい．

図 2

まず，体の拡大 L/M に注目すると，$L = \mathbb{Q}(\sqrt[3]{2}, \sqrt[3]{2}\,\omega, \sqrt[3]{2}\,\omega^2) = \mathbb{Q}(\omega, \sqrt[3]{2}) = \mathbb{Q}(\sqrt[3]{2})(\omega)$ である．今 $\mathbb{Q}(\sqrt[3]{2})$ 上で考えると，$\omega^2 + \omega + 1 = 0$ であるので，拡大 $L = M(\omega)/M$ を考えることは，$M = \mathbb{Q}(\sqrt[3]{2})$ 上で，2 次方程式

$$x^2 + x + 1 = 0 \qquad (*)$$

を考えることに他ならない．2 次方程式のところで見たように，$\mathbb{Q}(\sqrt[3]{2})$ 上 2 次方程式 $(*)$ の解 ω と ω^2 は区別がつかない．したがって $\sqrt[3]{2}\,\omega$ と $\sqrt[3]{2}\,\omega^2$ も $\mathbb{Q}(\sqrt[3]{2})$ 上区別がつかず，観測の「曖昧さ」の中に埋もれてしまう．

$\mathbb{Q}(\sqrt[3]{2})$ 上ということは，$\mathbb{Q}(\sqrt[3]{2})$-係数の多項式を考える限りという意味であるので，$\mathbb{Q}(\sqrt[3]{2})$-係数の多項式を考えても区別できない．さらに限定して $\mathbb{Q}$-係数の多項式を考えても区別できない．したがって，$\alpha_2 = \sqrt[3]{2}\,\omega$ と $\alpha_3 = \sqrt[3]{2}\,\omega^2$ は $\mathbb{Q}$ 上区別がつかないということになる．つまり，$\begin{pmatrix} 1 & 2 & 3 \\ 1 & 3 & 2 \end{pmatrix}$ はガロア群に含まれる．次に拡大 L/N を見よう．$L = \mathbb{Q}(\sqrt[3]{2}, \sqrt[3]{2}\,\omega, \sqrt[3]{2}\,\omega^2) = \mathbb{Q}(\omega, \sqrt[3]{2}) = \mathbb{Q}(\omega)(\sqrt[3]{2})$ である．今度は 4 次方程式 $x^4 + x^3 + x^2 +$

$x+1 = 0$ の場合と同様の議論により，体 $\mathbb{Q}(\omega)$ 上 $(\sqrt[3]{2}, \sqrt[3]{2}\,\omega, \sqrt[3]{2}\,\omega^2)$ と $(\sqrt[3]{2}\,\omega, \sqrt[3]{2}\,\omega^2, \sqrt[3]{2})$ は区別がつかないことがわかる．したがって，体 $\mathbb{Q}$ 上 $(\sqrt[3]{2}, \sqrt[3]{2}\,\omega, \sqrt[3]{2}\,\omega^2)$ と $(\sqrt[3]{2}\,\omega, \sqrt[3]{2}\,\omega^2, \sqrt[3]{2})$ の区別がつかないことになる．つまり，$\mathbb{Q}$ 上の代数計算において $\alpha_1, \alpha_2, \alpha_3$ を各々 $\alpha_2, \alpha_3, \alpha_1$ に置き換えても差しつかえない．つまり，置換

$$\begin{pmatrix} 1 & 2 & 3 \\ 2 & 3 & 1 \end{pmatrix}$$

はガロア群 G の元である．

以上より

$$\begin{pmatrix} 1 & 2 & 3 \\ 1 & 3 & 2 \end{pmatrix}, \begin{pmatrix} 1 & 2 & 3 \\ 2 & 3 & 1 \end{pmatrix} \in G \subset S_3$$

であることが分かった．これより，$G = S_3$ であると結論できる．

最後の部分は例えば次のようにやればよい．

元 $\begin{pmatrix} 1 & 2 & 3 \\ 1 & 3 & 2 \end{pmatrix}$ の位数は 2，元 $\begin{pmatrix} 1 & 2 & 3 \\ 2 & 3 & 1 \end{pmatrix}$ の位数は 3 である．

iv 数学の基礎の命題 2.3 より群 G の位数 $|G|$ は 2, 3 の倍数である．一方，$|G| \leqq |S_3| = 6$ であるので，$|G| = 6$ となり，$G = S_3$ である．

静かな刺客は恐ろしい

19 世紀風にガロア理論を紹介したが，必ずしも明晰なものではなかった．ガロアの論文がアカデミーで理解されなかったのも，想像がつく．

ルジャンドル，ラグランジュ，コーシーによる代数方程式の解の変換，解の入れ換えの理論を発展させて，ガロア理論は誕生したのである．

既に例が示すように，有理数体 $\mathbb{Q}$ 上の代数方程式

$$a_0 x^n + a_1 x^{n-1} + \cdots + a_n = 0, \ (a_i \in \mathbb{Q},\ 0 \leq i \leq n,\ a_0 \neq 0)$$

を考えたとき，この方程式の解 $\alpha_1, \alpha_2, \cdots, \alpha_n$ を $\mathbb{Q}$ に付加した体の拡大

$$\mathbb{Q}(\alpha_1, \alpha_2, \cdots, \alpha_n)/\mathbb{Q},$$

とりわけ，その $\mathbb{Q}$ - 自己同型が重要な役割を果していた．

R. デデキントは，解析概論[T1]に書いてあるように，実数を有理数の切断によって定義できることを発見した．有理数全体のなす集合 $\mathbb{Q}$ を空でない 2 つの部分集合 S_1, S_2 に分け，つまり $\mathbb{Q} = S_1 \cup S_2$ として，S_1 に含まれるどの元 s_1 も S_2 に含まれるどの元 s_2 よりも小さいとき，(S_1, S_2) は有理数全体のなす集合 $\mathbb{Q}$ の切断であるという．デデキントは実数とは有理数の切断に他ならないと主張したのである．

デデキント

一方で，環 R とイデアル I について説明する．R が有理整数環 $\mathbb{Z}$ ならば，イデアル I は 1 個の元から生成されるので，$I = (d)$ となる生成元である整数 $d \geq 0$ を決める．したがって，可換環 R とイデアル I を考えることは整数の概念を拡張することになる．これもデデキントのアイディアである．有理数の切断によって実数を定義するのと，イデアルによって数の概念を拡張するのは共通点を持っている．共に既知の集合の特別な部分集合が数の概念を一般化するというのである．これは革新的な着想であり，その後の数学の発展に大きな影響を与えることになる．

さてデデキントはガロア理論の発展にも，本質的な貢献をした．彼が行ったのは，「ガロア理論からの方程式の追放」である．その思

想を要約すると次のようになる．

(1) 代数方程式は体のガロア拡大 L/K を決める．

(2) ガロア群はガロア拡大の自己同型群である．

つまり本質的なのは方程式ではなくて，それの決める体のガロア拡大 L/K である．

デデキントは内省的でもの静かな男であった．しかし，原理を追求する特別な感覚を持っていた．彼はこれまでの常識を覆すような原理を導入したのである．そしてその後は，彼の新しいアイディアが常識となったのである．

このように，リーマン，ヒルベルトと並んで，デデキントは20世紀の数学の方向づけをした．数学の算術化である．特にグロタンディエクによる代数幾何学の大成功はデデキント抜きにしては考えられない．

豚小屋の火事

イギリスの有名な随筆の中に，焼豚の起源をめぐったものがある．正確に記憶していないが，次のような話である．

昔，農家で火事が起き，家主は全財産を失ってしまった．火事がおさまると，どこからともなくよい匂いが漂って来た．その匂いをたどって行くと豚小屋にたどり着いた．その香りは火事の犠牲となって，こげた豚から発していた．よい香りの誘惑に，こげた豚の肉を食べて見ると，そのおいしいこと．これはすばらしい発見をしたと喜び，それ以降何年も，豚小屋に内緒で放火をしては，焼豚を楽しんでいた．

ある時に天才的なアイディアがひらめく．「豚を焼くのに火事は必要ない」と．それ以降，焼豚はすべての人が容易に楽しめるよう

になった．

　デデキントのアイディアも，これに酷似している．ガロア群は豚小屋の火災（＝方程式）に付随しているのではなく，豚肉（＝体の拡大）が問題だというのである．

　しかし，この思想はフランスではなかなか普及せず，ガロアの死後60年が経過しても，フランスでは未だ豚小屋に火をつけている．

火災の跡

　K 上の代数方程式よりも拡大体 L/K の方が大切であることに注意した．この拡大体 L/K の K-自己同型群 $\mathrm{Aut}(L/K)$ として，ガロア群 $G(L/K)$ を定義する．このガロア群の定義は方程式＝豚小屋の火災を，消去するものであったが，中途半端な面もある．何故なら，代数方程式を完全に追放するのならば，すべて体の拡大のみを使って定義される必要があるからである．方程式の分解体というもの自体が，方程式に依存しているからである．火災の跡が残っているのである．

　つまり，体の拡大 L/K が具体的なある条件をみたすとき，ガロア拡大であると定義した上で，「ガロア拡大＝方程式の分解体である」と示さねばならない．実際，現在どのガロア理論の教科書にもこのように書いてある．本書の目的はガロア理論を概観することにあるのでここではガロア拡大を方程式の分解体として定義し，更に論じるのを省略する．

ガロア拡大

　複素数体 $\mathbb{C}$ の部分体 K を考える．例えば K は有理数体 $\mathbb{Q}$ であると仮定してもよい．K 上の代数方程式

$$a_0 x^n + a_1 x^{n-1} + \cdots + a_n = 0, \ (a_i \in K,\ 0 \leq i \leq n,\ a_0 \neq 0) \quad (*)$$

を考える．方程式の解を $\alpha_1, \alpha_2, \cdots, \alpha_n \in \mathbb{C}$ とする．解に重複があっても構わない．

> **定義** 体 $K(\alpha_1, \alpha_2, \cdots, \alpha_n)$ を方程式(∗)の分解体という．

実際に，多項式環 $K(\alpha_1, \alpha_2, \cdots, \alpha_n)[x]$ の中で，多項式 $a_0 x^n + a_1 x^{n-1} + \cdots + a_n$ は
$$a_0 x^n + a_1 x^{n-1} + \cdots + a_n = a_0 (x-\alpha_1)(x-\alpha_2)\cdots(x-\alpha_n)$$
と1次式の積に分解する．

> **定義** 拡大体 L/K を複素数体 $\mathbb{C}$ に含まれる体の拡大とする．K-係数の方程式(∗)が存在して，$L = K(\alpha_1, \alpha_2, \cdots, \alpha_n)$ となるとき，拡大体 L/K はガロア拡大であるという．つまり，K-係数の方程式(∗)が存在して，L がその分解体となるとき，L/K はガロア拡大であるという．
>
> さらに，拡大体 L/K の K-自己同型全体
> $$\mathrm{Aut}(L/K) := \{ \varphi : L \to L \mid \varphi\text{は体}L\text{の}K\text{-自己同型} \}$$
> のなす群をガロア拡大 L/K のガロア群という．ガロア群 $\mathrm{Aut}(L/K)$ を $G(L/K)$ と書くことにする．

この考え方の重要な点は，代数方程式に付随してガロア群が決まるのではなくて，2つのステップに分解することにある．つまり，(1)代数方程式は体の拡大を与える．(2)体のガロア拡大はガロア群を決める．

そんなこと，わざわざ言うほどのことではないと思ってはならない．何故ならガロア群は方程式がなくても体の拡大 L/K があれば決まると主張しているからである．

次の例を見るとはっきりする．$K = \mathbb{Q}$ として次の3次方程式
$$f(x) = x^3 - 2 = 0$$
と，6次方程式
$$g(t) = t^6 - 6t^5 + 15t^4 - 26t^3 + 33t^2 - 24t + 15 = 0$$
を考えると，一方は3次方程式，他方は6次方程式であるにもかかわらず，両者のガロア群は一致して，3次対称群 S_3 となる．

その理由は，私がそのように $g(t)$ を作ったからである．方程式 $f(x) = 0$ の分解体 $\mathbb{Q}(\sqrt[3]{2}, \sqrt[3]{2}\,\omega, \sqrt[3]{2}\,\omega^2)$ を L とおく．

L において，s を変数とする多項式 $h(s) = (s^3 - 2)(s^3 - 4)$ は
$$h(s) = (s^3 - 2)(s^3 - 4) = (s - \sqrt[3]{2})(s - \sqrt[3]{2}\,\omega)(s - \sqrt[3]{2}\,\omega^2)$$
$$\times (s - \sqrt[3]{2}^{\,2})(s - \sqrt[3]{2}^{\,2}\omega)(s - \sqrt[3]{2}^{\,2}\omega^2)$$
と1次式に分解する．

したがって，方程式 $f(x) = 0$ の分解体 $= \mathbb{Q}(\sqrt[3]{2}, \sqrt[3]{2}\,\omega, \sqrt[3]{2}\,\omega^2)$ $= \mathbb{Q}(\sqrt[3]{2}, \sqrt[3]{2}\,\omega, \sqrt[3]{2}\,\omega^2, \sqrt[3]{2}^{\,2}, \sqrt[3]{2}^{\,2}\omega, \sqrt[3]{2}^{\,2}\omega^2) =$ 方程式 $h(s) = 0$ の分解体である．

一方，$g(t) = h(t - 1)$ と私は内緒で置いたので，
$$g(t) = (t - 1 - \sqrt[3]{2})(t - 1 - \sqrt[3]{2}\,\omega)(t - 1 - \sqrt[3]{2}\,\omega^2)$$
$$\times (t - 1 - \sqrt[3]{2}^{\,2})(t - 1 - \sqrt[3]{2}^{\,2}\omega)(t - 1 - \sqrt[3]{2}^{\,2}\omega^2)$$
とやはり，体 $\mathbb{Q}(\sqrt[3]{2}, \sqrt[3]{2}\,\omega, \sqrt[3]{2}\,\omega^2)$ 上で1次式に分解してしまうのである．

つまり，$f(x)$ の分解体 $= h(s)$ の分解体 $= g(t)$ の分解体 $= \mathbb{Q}(\sqrt[3]{2}, \sqrt[3]{2}\,\omega, \sqrt[3]{2}\,\omega^2)$ なのである．

一言で言えば次のようになる．

方程式の具体的な表示は，必要ないデータを含んでいることが応々にしてあるので，方程式の外見にとらわれて惑わされてはいけない．

ガロア対応

以下証明は付けずに，ガロア理論の基本定理を述べる．命題，定理の内容を例によって説明する．

命題 1 L/K をガロア拡大とすると，ガロア群 $G(L/K)$ の位数は拡大次数 $[L:K]$ に等しい．

拡大次数 $[L:K]$ とは K-ベクトル空間 L の次元のことである（iv 数学の基礎参照）．

例で見てみよう．

$K = \mathbb{R}$，代数方程式 $x^2 + 1 = 0$．分解体は $\mathbb{R}(i) = \mathbb{C}$．$\mathbb{C} = \mathbb{R} + i\mathbb{R}$ であるので，$\mathbb{R}$-ベクトル空間 $\mathbb{C}$ の次元は 2．一方，$G(\mathbb{C}/\mathbb{R}) = S_2$ であるので，ガロア群の位数も 2．

$K = \mathbb{Q}$，円分方程式 $x^4 + x^3 + x^2 + x + 1 = 0$．上の例 2 の記号を用いて，分解体 $L = \mathbb{Q}[\zeta] = \mathbb{Q} + \mathbb{Q}\zeta + \mathbb{Q}\zeta^2 + \mathbb{Q}\zeta^3$．1, ζ, ζ^2, ζ^3 は $\mathbb{Q}$-ベクトル空間 L の基底となるので，$\mathbb{Q}$-ベクトル空間 L の次元は 4．ガロア群 $G(L/K)$ の位数が 4 であることも例 2 で見た．

L/K をガロア拡大とする．体 L の部分体 M であって，K を含むものを，拡大 L/K の中間体という．したがって，$K \subset M \subset L$ である．次の 2 つの集合 $\mathbb{F}$, $\mathbb{G}$ を導入する．

$\mathbb{F} := \{M \mid M$ は L/K の中間体，したがって $K \subset M \subset L\}$，

$\mathbb{G} := \{H \mid H$ はガロア群 $G = G(L/K)$ の部分群 $\}$．

さらに，写像

$$\alpha : \mathbb{F} \to \mathbb{G}, \quad \beta : \mathbb{G} \to \mathbb{F}$$

を次のように定める.

中間体 $K \subset M \subset L$ について,

$\alpha(M) := \{g \in G \mid M$ の任意の元 $m \in M$ に対して, $g(m) = m\}$.

部分群 $H \subset G$ について,

$\beta(H) := \{m \in L \mid H$ の任意の元 $h \in H$ に対して, $h(m) = m\}$.

定理 3(ガロア対応) $\beta \circ \alpha = \mathrm{Id}_{\mathbb{F}}$, $\alpha \circ \beta = \mathrm{Id}_{\mathbb{G}}$. つまり,写像 $\alpha: \mathbb{F} \to \mathbb{G}$, $\beta: \mathbb{G} \to \mathbb{F}$ によって,ガロア拡大 L/K の中間体とガロア群 G の部分群の間に 1:1 対応がつく.

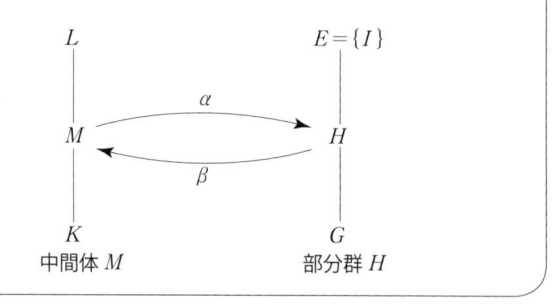

$$
\begin{array}{ccc}
L & & E = \{I\} \\
| & & | \\
M & \xrightarrow{\alpha} \xleftarrow{\beta} & H \\
| & & | \\
K & & G \\
\text{中間体 } M & & \text{部分群 } H
\end{array}
$$

例 5 上の例 2,円分方程式 $x^4 + x^3 + x^2 + x + 1 = 0$ で見てみよう.そのために,$G(L/K)$ の部分群を決定しよう.群 $G(L/K)$ の位数は 4 だから,その部分群 H の位数は 4 の約数である.したがって,部分群 H は次の 3 種類に分かれる.

(1) 位数 4 の部分群,$G(L/K)$ 自身.

(2) 位数 2 の部分群.

(3) 位数 1 の部分群 $\{1\}$.

(2) の位数 2 の部分群は,位数 2 の元で生成される.群

$$G(L/K) = \left\{1, \begin{pmatrix} 1 & 2 & 3 & 4 \\ 2 & 4 & 1 & 3 \end{pmatrix}, \begin{pmatrix} 1 & 2 & 3 & 4 \\ 4 & 3 & 2 & 1 \end{pmatrix}, \begin{pmatrix} 1 & 2 & 3 & 4 \\ 3 & 1 & 4 & 2 \end{pmatrix}\right\}$$

から，位数2の元をさがせば，$\begin{pmatrix} 1 & 2 & 3 & 4 \\ 4 & 3 & 2 & 1 \end{pmatrix}$ のみであるので，

$$H = \left\{1, \begin{pmatrix} 1 & 2 & 3 & 4 \\ 4 & 3 & 2 & 1 \end{pmatrix}\right\}$$

となる．

このとき，$\begin{pmatrix} 1 & 2 & 3 & 4 \\ 4 & 3 & 2 & 1 \end{pmatrix}$ の定める $\mathbb{Q}[\zeta]$ の $\mathbb{Q}$-自己同型 $\tau: \mathbb{Q}[\zeta] \to \mathbb{Q}[\zeta]$ については，

$$\tau(\zeta) = \zeta^4, \quad \tau(\zeta^2) = \zeta^3, \quad \tau(\zeta^3) = \zeta^2, \quad \tau(\zeta^4) = \zeta$$

であるので，

$$\tau(\zeta^2 + \zeta^3) = \tau(\zeta^2) + \tau(\zeta^3) = \zeta^3 + \zeta^2 = \zeta^2 + \zeta^3.$$

したがって，定義より部分体 $\beta(H)$ は部分体 $\mathbb{Q}[\zeta^2 + \zeta^3]$ を含む．

$$\mathbb{Q} \subset \mathbb{Q}[\zeta^2 + \zeta^3] \subset \mathbb{Q}[\zeta]$$

であり，各々の拡大次数は2である．

$$\mathbb{Q}[\zeta^2 + \zeta^3] \subset \beta(H) \subsetneq \mathbb{Q}[\zeta]$$

であるので，$\mathbb{Q}[\zeta^2 + \zeta^3] = \beta(H)$．また，$\zeta^2 + \zeta^3$ を $\zeta^2 + \zeta^3$ 自身に写す G の元全体は H であるので，次の図を得る．

$$
\begin{array}{ccc}
\mathbb{Q}[\zeta] & & 1 \\
| & & | \\
\mathbb{Q}[\zeta^2 + \zeta^3] & \overset{\alpha}{\underset{\beta}{\rightleftarrows}} & H = \left\{1, \begin{pmatrix} 1 & 2 & 3 & 4 \\ 4 & 3 & 2 & 1 \end{pmatrix}\right\} \\
| & & | \\
\mathbb{Q} & & G = \left\{1, \begin{pmatrix} 1 & 2 & 3 & 4 \\ 2 & 4 & 1 & 3 \end{pmatrix}, \begin{pmatrix} 1 & 2 & 3 & 4 \\ 4 & 3 & 2 & 1 \end{pmatrix}, \begin{pmatrix} 1 & 2 & 3 & 4 \\ 3 & 1 & 4 & 2 \end{pmatrix}\right\} \\
\text{中間体} & & \text{部分群}
\end{array}
$$

ガロア拡大 $\mathbb{Q}[\zeta]/\mathbb{Q}$ の自明でない中間体は $\mathbb{Q}[\zeta^2+\zeta^3]$ のみであり，4次の巡回群 G の自明でない部分群は $\left\{1, \begin{pmatrix} 1 & 2 & 3 & 4 \\ 4 & 3 & 2 & 1 \end{pmatrix}\right\}$ のみである．

この例から分かるように，ガロア拡大 L/K の中間体を直接決めるより，有限群であるガロア群 $G(L/K)$ の部分群を決める方が容易である．

例6 $\mathbb{Q}$ 上の代数方程式 $x^3-2=0$ を考える．この方程式の分解体は $\mathbb{Q}(\sqrt[3]{2}, \sqrt[3]{2}\,\omega, \sqrt[3]{2}\,\omega^2)/\mathbb{Q}$ である．例4で見たようにガロア群は3次対称群 S_3 である．

以下結果のみを示す．

S_3 の位数3の部分群は，$\langle(1\ 2\ 3)\rangle = \{1, (1\ 2\ 3), (1\ 2\ 3)^2\} = \{1, (1\ 2\ 3), (1\ 3\ 2)\}$ のみである．ここで

$$(1\ 2\ 3) = \begin{pmatrix} 1 & 2 & 3 \\ 2 & 3 & 1 \end{pmatrix}$$

である．また $\langle(1\ 2\ 3)\rangle$ は置換 $(1\ 2\ 3)$ から生成される部分群を表わす．S_3 の位数2の部分群は $\langle(1\ 2)\rangle, \langle(1\ 3)\rangle, \langle(2\ 3)\rangle$ に限られる．ここで，(i, j) は i と j を入れ換え，残りの文字をそれ自身に写す集合 $\{1, 2, 3\}$ から $\{1, 2, 3\}$ への写像である．例えば，

$$(1\ 2) = \begin{pmatrix} 1 & 2 & 3 \\ 2 & 1 & 3 \end{pmatrix}.$$

3次対称群 S_3 の部分群を図示すれば次のようになる．

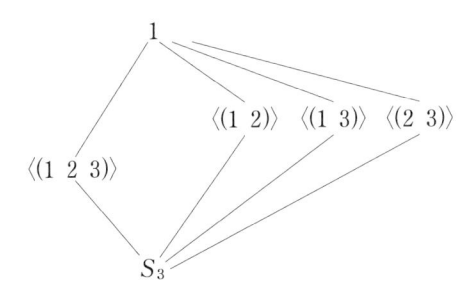

```
            1
           /|\  \
          / | \   \
         /  ⟨(1 2)⟩ ⟨(1 3)⟩ ⟨(2 3)⟩
    ⟨(1 2 3)⟩
         \   |   /
          \  |  /
           S_3
```

これに対応して，ガロア拡大 $L/\mathbb{Q} = \mathbb{Q}(\sqrt[3]{2}, \sqrt[3]{2}\,\omega, \sqrt[3]{2}\,\omega^2)/\mathbb{Q}$ の中間体を図示すれば，次のようになる．

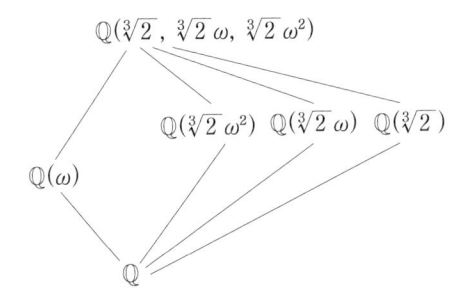

```
       ℚ(∛2, ∛2 ω, ∛2 ω²)
          /   |   \
       ℚ(∛2 ω²) ℚ(∛2 ω) ℚ(∛2)
  ℚ(ω)
          \   |   /
              ℚ
```

ガロア拡大 L/K の中間体と，ガロア群 $G(L/K)$ の部分群の間に，対応があるだけでなく，さらに次が成立する．

定理4 L/K をガロア拡大とする．$K \subset M \subset L$ を L/K の中間体とする．つまり，$M \in \mathbb{F}$ である．

(1) L/M はガロア拡大であり，ガロア群 $G(L/M)$ は $\alpha(M)$ である．（$\alpha(M) \in \mathbb{G}$ であり，$\alpha(M)$ は $G(L/K)$ の部分群である．）

(2) $K \subset M \subset L$ を L/K の中間体とする．M/K がガロア拡大であるための条件は，対応する $G(L/K)$ の部分群 $\alpha(M)$ が $G(L/K)$ の正規部分群であることである．このとき，ガロア群 $G(M/K)$ は商群 $G(L/K)/\alpha(M)$ と同型である．

主張については，L/K が，ある K 上の代数方程式の分解体であれば，同じ代数方程式を M 上の方程式と考えることによって，L は M 上の代数方程式の分解体となる．したがって，L/M はガロア拡大である．具体的な例で見てみよう．

円分体の例では，ガロア群 $G(L/K)$ は位数 4 の巡回群であった．この群は可換であるので，任意の部分群は正規部分群となる．中間体 $M = \mathbb{Q}[\zeta^2 + \zeta^3]$ を考える．
$$\zeta^4 + \zeta^3 + \zeta^2 + \zeta + 1 = 0$$
であり，$L = \mathbb{Q}[\zeta] = \mathbb{Q}[\zeta, \zeta^2, \zeta^3, \zeta^4] = M[\zeta, \zeta^2, \zeta^3, \zeta^4]$ でもあるので，L/M は M 上の代数方程式
$$x^4 + x^3 + x^2 + x + 1 = 0$$
の分解体である．

$\zeta^2 + \zeta^3 = a$ とおけば，
$$\begin{cases} \zeta + \zeta^4 = (\zeta^2 + \zeta^3)^2 - 2 = a^2 - 2 \\ \zeta \zeta^4 = 1 \end{cases}$$
であるので，

$M = \mathbb{Q}[\zeta^2 + \zeta^3]$ 上の代数方程式
$$x^2 - (a^2 - 2)x + 1 = 0 \qquad (*)$$
の解は ζ と $\zeta^4 = \zeta^{-1}$ である．
$$L = \mathbb{Q}[\zeta, \zeta^2, \zeta^3, \zeta^4] = \mathbb{Q}[\zeta] = M[\zeta] = M[\zeta, \zeta^4]$$
であるので，$M[\zeta]/M$ は 2 次代数方程式 $(*)$ の分解体であるとも考えられ，そのガロア群は S_2 となる．

一方，拡大 $\mathbb{Q}[\zeta^2 + \zeta^3]/\mathbb{Q}$ を考えると，$\xi_1 := \zeta^2 + \zeta^3$，$\xi_2 := \zeta + \zeta^4$ とおくと，簡単な計算により，
$$\begin{cases} \xi_1 + \xi_2 = -1, \\ \xi_1 \xi_2 = -1. \end{cases}$$
ξ_1, ξ_2 は $\mathbb{Q}$ 上の 2 次代数方程式

$$x^2+x-1=0 \qquad (**)$$

の解となる．

したがって，$M=\mathbb{Q}[\zeta^2+\zeta^3]=\mathbb{Q}[\xi_1]=\mathbb{Q}[\xi_1,-1-\xi_1]=\mathbb{Q}[\xi_1,\xi_2]$ となり，$M/\mathbb{Q}$ は 2 次代数方程式 (**) の分解体であり，そのガロア群 $G(M/\mathbb{Q})$ は 2 次対称群 S_2 となる．

一方，$\alpha(M)=\left\langle \begin{pmatrix} 1 & 2 & 3 & 4 \\ 4 & 3 & 2 & 1 \end{pmatrix} \right\rangle$ であり，$\alpha(M)$ は，可換群 $G(L/\mathbb{Q})$ の正規部分群である．

商群

$G(L/\mathbb{Q})/\alpha(M)$
$= \left\{ 1, \begin{pmatrix} 1 & 2 & 3 & 4 \\ 2 & 4 & 1 & 3 \end{pmatrix}, \begin{pmatrix} 1 & 2 & 3 & 4 \\ 4 & 3 & 2 & 1 \end{pmatrix}, \begin{pmatrix} 1 & 2 & 3 & 4 \\ 3 & 1 & 4 & 2 \end{pmatrix} \right\}$
$\Big/ \left\{ 1, \begin{pmatrix} 1 & 2 & 3 & 4 \\ 4 & 3 & 2 & 1 \end{pmatrix} \right\}$

は位数 2 の群であるので，拡大 $M/\mathbb{Q}$ のガロア群 $G(M/\mathbb{Q})=S_2$ と同型である．4 次ガロア拡大 $\mathbb{Q}[\zeta]/\mathbb{Q}$ は，最初に $\mathbb{Q}$ の 2 次拡大

$$\mathbb{Q}[\zeta^2+\zeta^3]/\mathbb{Q},$$

次に $\mathbb{Q}[\zeta^2+\zeta^3]$ の 2 次拡大

$$\mathbb{Q}[\zeta]/\mathbb{Q}[\zeta^2+\zeta^3]$$

を行うことによって得られる．

$$\begin{array}{c} \mathbb{Q}[\zeta] \\ | \quad \text{2 次拡大} \\ \mathbb{Q}[\zeta^2+\zeta^3] \\ | \quad \text{2 次拡大} \\ \mathbb{Q} \end{array}$$

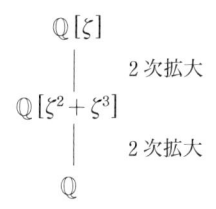

次に拡大 $L/K=\mathbb{Q}(\sqrt[3]{2},\sqrt[3]{2}\,\omega,\sqrt[3]{2}\,\omega^2)/\mathbb{Q}$ を考えよう．円分方

程式 $x^4+x^3+x^2+x+1=0$ と異なってガロア群は3次対称群であり,非可換である.

$M \in \mathbb{F}$ とすると,つまり M を拡大 L/K の中間体とすると,L/M がガロア拡大であることは,一般の場合に説明した.円分体の場合のように,次数の低い方程式を使って,より具体的に見ることも可能である.次の2点にのみ注意しておく.

(1) ガロア拡大 $L/\mathbb{Q}(\omega)$ のガロア群は位数3の巡回群 $\alpha(\mathbb{Q}(\omega))$ である.

(2) 拡大 $\mathbb{Q}(\sqrt[3]{2})/\mathbb{Q}$ はガロア拡大ではない.

(1)の証明の概略を示す.定義より $G(L/\mathbb{Q}(\omega)) = \mathrm{Aut}(\mathbb{Q}(\sqrt[3]{2}\,\omega)/\mathbb{Q}(\omega))$ である. $L = \mathbb{Q}(\sqrt[3]{2},\,\omega) = \mathbb{Q}(\omega)(\sqrt[3]{2})$ であるので, $\sigma = G(L/\mathbb{Q}(\omega))$ とすれば, $\mathbb{Q}(\omega)$-自己同型

$$\sigma : \mathbb{Q}(\omega)(\sqrt[3]{2}) \to \mathbb{Q}(\omega)(\sqrt[3]{2})$$

は $\sqrt[3]{2}$ の像 $\sigma(\sqrt[3]{2})$ で完全に決まってしまう.

$$(\sigma(\sqrt[3]{2}))^3 = \sigma(\sqrt[3]{2}^3) = \sigma(2) = 2$$

であるので,3つの場合が考えられる.

(ⅰ) $\sigma(\sqrt[3]{2}) = \sqrt[3]{2}$,

(ⅱ) $\sigma(\sqrt[3]{2}) = \sqrt[3]{2}\,\omega$,換言すれば,$\sigma(\alpha_1) = \alpha_2$,

(ⅲ) $\sigma(\sqrt[3]{2}) = \sqrt[3]{2}\,\omega^2$,換言すれば,$\sigma(\alpha_1) = \alpha_3$.

(ⅰ)の場合は,$\sigma = \mathrm{Id}$ となる.(ⅱ)の場合は $\sigma(\sqrt[3]{2}\,\omega) = \sigma(\sqrt[3]{2})\sigma(\omega) = \sqrt[3]{2}\,\omega \cdot \omega = \sqrt[3]{2}\,\omega^2$,つまり $\sigma(\alpha_2) = \alpha_3$.同様に,$\sigma(\sqrt[3]{2}\,\omega^2) = \sqrt[3]{2}$,つまり $\sigma(\alpha_2) = \alpha_1$ である.したがって,$\sigma = \begin{pmatrix} 1 & 2 & 3 \\ 2 & 3 & 1 \end{pmatrix}$ である.

(ⅲ)の場合も,(ⅱ)の場合と同様に考えて,$\sigma = \begin{pmatrix} 1 & 2 & 3 \\ 3 & 1 & 2 \end{pmatrix}$ となり,

$$G(L/\mathbb{Q}(\omega)) = \mathrm{Aut}(L/\mathbb{Q}(\omega))$$
$$= \left\{ 1, \begin{pmatrix} 1 & 2 & 3 \\ 2 & 3 & 1 \end{pmatrix}, \begin{pmatrix} 1 & 2 & 3 \\ 3 & 1 & 2 \end{pmatrix} \right\} = \alpha(\mathbb{Q}(\omega))$$

である．

さて，次に，(2) $\mathbb{Q}(\sqrt[3]{2})/\mathbb{Q}$ がガロア拡大でないことを示す．そのためには，$\mathbb{Q}(\sqrt[3]{2})/\mathbb{Q}$ が $\mathbb{Q}$ 上の代数方程式の分解体とはならないことを示す必要がある．

$\mathbb{Q}(\sqrt[3]{2})$ が多項式
$$f(x) = a_0 x^n + a_1 x^{n-1} + \cdots + a_n \in \mathbb{Q}[x], \quad a_0 \neq 0$$
の分解体であると仮定して矛盾を導く．代数方程式
$$f(x) = 0$$
の解を $\alpha_1, \alpha_2, \cdots, \alpha_n$ とする．したがって，
$$\mathbb{Q}(\sqrt[3]{2}) = \mathbb{Q}(\alpha_1, \alpha_2, \cdots, \alpha_n)$$
となる．

$\mathbb{Q}$-同型
$$\varphi : \mathbb{Q}(\alpha_1, \alpha_2, \cdots, \alpha_n) \to \mathbb{C}$$
を考えると，$f(x)$ は $\mathbb{Q}$-係数であるので，$0 \leq i \leq n$ について，
$$f(\varphi(\alpha_i)) = \varphi(f(\alpha_i)) = \varphi(0) = 0$$
であり $\varphi(\alpha_i)$ は代数方程式 $f(x) = 0$ の解である．
つまり，集合の包含関係
$$\{\varphi(\alpha_1), \varphi(\alpha_2), \cdots, \varphi(\alpha_n)\} \subset \{\alpha_1, \alpha_2, \cdots, \alpha_n\}$$
が成立する．

特に
$$\mathbb{Q}(\varphi(\alpha_1), \varphi(\alpha_2), \cdots, \varphi(\alpha_n)) \subset \mathbb{Q}(\alpha_1, \alpha_2, \cdots, \alpha_n)$$
である．よって，
$$\mathbb{Q}(\varphi(\sqrt[3]{2})) = \mathbb{Q}(\varphi(\alpha_1), \varphi(\alpha_2), \cdots, \varphi(\alpha_n)) \subset$$
$$\mathbb{Q}(\alpha_1, \alpha_2, \cdots, \alpha_n) = \mathbb{Q}(\sqrt[3]{2}). \quad (\ast)$$

ところで，
$$\mathbb{Q}(\sqrt[3]{2}) \simeq \mathbb{Q}[x]/(x^3 - 2)$$
であるので，$\mathbb{Q}$-同型写像

$$\varphi : \mathbb{Q}(\sqrt[3]{2}) \to \mathbb{C}, \quad \sqrt[3]{2} \longmapsto \sqrt[3]{2}\,\omega$$

が存在する．（＊）より

$$\mathbb{Q}(\varphi(\sqrt[3]{2})) = \mathbb{Q}(\sqrt[3]{2}\,\omega) \subset \mathbb{Q}(\sqrt[3]{2}) \subset \mathbb{R}.$$

特に，$\sqrt[3]{2}\,\omega \in \mathbb{R}$, $\omega \in \mathbb{R}$ となって矛盾である．

定規とコンパス

インド人によれば，すべてのものは他に依存しているので，実体がない．

諸行無常，諸法無我．

したがって完全なものなど存在しないということになる．しかし，西洋では，ギリシア人は楽園に暮らしていた．プラトンは，直線と円のみが完全な図形であると考えた．この信念から，直線と円を組合わせて図形を描きたい，構成したいと考えるようになった．つまり，直線を引く定規と円を描くコンパスを用いて，作図をしようというのである．例えば次の3つの代表的な問題があった．

（ⅰ）立方体の体積を2倍にすること．立方体が与えられたとき，体積が2倍である立方体を作図すること．

（ⅱ）角を3等分すること．

（ⅲ）円と面積の等しい正方形を作図すること．

これらを解決するために，ギリシアでは多くの時間が投入されたが作図の方法は発見されなかった．結論を述べれば，実はこの問題は解決できない，つまり作図できないことが証明できるのである．しかし証明するためには，ギリシア人が思いもつかなかった方法が必要である．平面に座標を導入することと，体の拡大の理論である．さらにガロア理論と結びつければ，「正65537角形は定規とコン

パスで作図できる」という定理を証明して，ギリシア人を驚かせることもできる．

許される操作

出発する平面上の点の集合 P_0 が与えられているとする．集合 P_0 に許される操作(A), (B)と構成のルールによって新しい点をつけ加える．

(A)（定規）　P_0 の相異なる2点を結ぶ直線を引く．

(B)（コンパス）　P_0 のある点を中心とし，P_0 の別の点を通る円を描く．

構成のルール　操作(A)または(B)を2回行うと2つの図形 F_1, F_2 が得られる．ここで F_1, F_2 は直線または円である．さて，$F_1 \neq F_2$ と仮定する．このとき，図形 F_1, F_2 の交点 $F_1 \cap F_2$ が新しく構成された点である．次に $P_1 = P_0 \cup (F_1 \cap F_2)$ と置き，P_1 に上と同じ構成をくり返し新しい点の集合 P_2 を構成する．以下帰納的に $P_3, P_4, \cdots$ が決まる．

r を平面上の点とする．整数 $m \geq 0$ が存在して，$r \in P_m$ となるとき，r は P_0 から定規とコンパスによって構成できる点であるという．したがって，P_0 から出発して定規とコンパスで構成される点全体のなす集合は

$$\bigcup_{i=0}^{\infty} P_i$$

である．

数直線 $\mathbb{R}$ を考える．座標が x である数直線上の点 $P = (x)$ を単に x で表わすことにする．以下のいくつかの補題は高等学校で学ぶものである．証明は図を見れば分かる．r, r_1, r_2 を正の数とする．

補題 2 数直線上の点 $0, 1, r_1, r_2$ から，定規とコンパスで点 $r_1 r_2$ を作図することができる．

証明

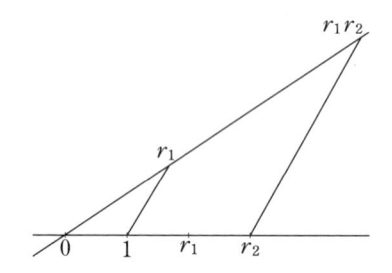

補題 3 数直線上の点 $0, 1, r$ から，定規とコンパスによって数直線上の点 $1/r$ を構成することができる．

証明

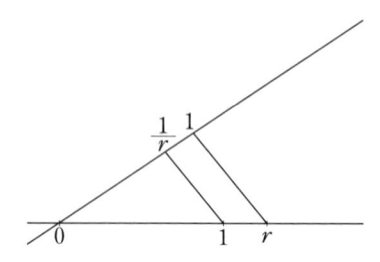

補題 4 数直線上の点 $0, 1, r > 0$ から，定規とコンパスによって，数直線上の点 $\sqrt{r}$ を構成することができる．

証明

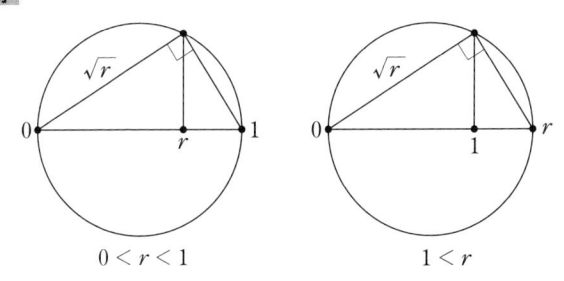

$0 < r < 1$　　　　　　$1 < r$

平面上の点を扱うのであるが，ギリシア人と違って座標を導入して，幾何学の問題を代数化，あるいは算術化する．

ここでは，複素平面を用いる．つまり，平面上の点 $(x, y) \in \mathbb{R}^2$ と複素数 $\alpha = x + iy$ を同一視する．したがって，出発する点の集合 P_0 は複素数の集合であり，ある複素数 α が定規とコンパスで構成できるかどうかを問題にする．

命題 2 複素数 $0, 1, \alpha_1, \alpha_2$ が定規とコンパスで構成できれば，$-\alpha_1, \alpha_1 + \alpha_2, \alpha_1 \alpha_2, \sqrt{\alpha_1}$ も構成できる．さらに $\alpha_2 \neq 0$ であれば α_1 / α_2 も構成できる．

証明

$-\alpha_1$ が定規とコンパスで構成できることは図に見るように自明である．

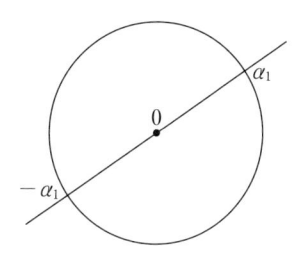

2辺が与えられたとき，定規とコンパスで平行4辺形が構成できるので $\alpha_1 + \alpha_2$ は構成できる．積については，$\alpha_j = r_j e^{i\theta_j} = r_j(\cos\theta_j + i\sin\theta_j)$, $j = 1, 2$ とする．

$$\alpha_1 \alpha_2 = r_1 r_2 e^{i(\theta_1 + \theta_2)} \quad (*)$$

である．角度の和は定規とコンパスによって構成でき，また補題2によって $r_1 r_2$ も構成できるので，$(*)$ により積 $\alpha_1 \alpha_2$ は構成できる．商 $\alpha_1/\alpha_2 = r_1 r_2^{-1} e^{i(\theta_1 - \theta_2)}$ についても同様である．

$\sqrt{\alpha_1} = \sqrt{r_1} e^{i(\theta_1/2)}$ である．角の2等分が，定規とコンパスでできること，および補題4より $\sqrt{r_1}$ が構成できるので，$\sqrt{\alpha_1}$ は定規とコンパスで構成できる．

以下，出発する集合 P_0 は 0 と 1 を含んでいると仮定する．

系 定規とコンパスで構成できる点（＝複素数）全体は有理数体 $\mathbb{Q}$ の拡大体をなす．

$$K_0 = \mathbb{Q}(P_0), K_1 = \mathbb{Q}(P_1), \cdots$$

とおくと，体の列

$$K_0 \subset K_1 \subset K_2 \subset \cdots$$

が得られる．ここで，$\mathbb{Q}(P_i)$ は複素数の集合 P_i が $\mathbb{Q}$ 上生成する複素数体の部分体である．

補題5 拡大 K_i/K_{i-1} は高々2次拡大である．つまり，
(1) $K_i = K_{i-1}$ であるか，(2) $[K_i : K_{i-1}] = 2$ である．

証明 P_{i-1} から P_i の新しい点は，K_{i-1} に係数を持つ直線と直線，直線と円，2つの円の交点である．これらは，K_{i-1} 係数の連立1次方程式，又は2次方程式である．連立1次方程式ならば $K_i = K_{i-1}$ である．そうでない場合は $[K_i : K_{i-1}] \leq 2$ である．詳しい証明は [A], [K], [MY], [W] を参照．

命題3 出発する点の集合 P_0 が与えられたとき，複素数 α に関する次の条件は同値である．

(1) α は P_0 から定規とコンパスで作図できる．
(2) 体 $K_0 = \mathbb{Q}(P_0)$ の 2 次拡大の列 L_i/L_{i-1}, $i = 1, 2, \cdots, m$,
$$K_0 = L_0 \subset L_1 \subset L_2 \subset \cdots \subset L_m \subset \mathbb{C}$$
が存在して，$\alpha \in L_m$ となる．

証明 命題2の系，補題5より (1)⇒(2) である．一方，命題2により各ステップで2次方程式を解くことができるので，(2)⇒(1) である．

体積が2倍である立方体の作図

与えられた立方体の一辺の長さを l とすれば，線分 l から線分 $\sqrt[3]{2}\,l$ を作図せよという問題である．一辺の長さ l が1の場合に帰着する．すなわち，$P_0 = \{0, 1\}$ から出発して，$\sqrt[3]{2}$ が定規とコンパスで作図できるかという問題である．

作図できると仮定して矛盾を導く．$\sqrt[3]{2}$ が作図できれば，n が存在して
$$\sqrt[3]{2} \in \mathbb{Q}(P_n)$$
となる．したがって，$\mathbb{Q}(\sqrt[3]{2}) \subset \mathbb{Q}(P_n)$.
一方，2次拡大の列 K_i/K_{i-1}, $i = 1, 2, \cdots, r$,
$$K_0 = \mathbb{Q}(P_0) \subset K_1 \subset \cdots \subset K_r = \mathbb{Q}(P_n)$$
となる．

$$[K_r : \mathbb{Q}] = [K_r : K_{r-1}][K_{r-1} : \mathbb{Q}] = 2[K_{r-1} : \mathbb{Q}]$$
$$= 2[K_{r-1} : K_{r-2}][K_{r-2} : \mathbb{Q}] = 2^2[K_{r-2} : \mathbb{Q}] = \cdots$$
$$\cdots = 2^{r-1}[K_1 : \mathbb{Q}] = 2^r,$$
$$[K_r : \mathbb{Q}(\sqrt[3]{2})][\mathbb{Q}(\sqrt[3]{2}) : \mathbb{Q}] = [K_r : \mathbb{Q}] = 2^r.$$

したがって，

$$3[K_r : \mathbb{Q}(\sqrt[3]{2})] = 2^r$$

となって矛盾である．

角の 3 等分

例えば次の問題を考える．

問題 角 $\pi/3$ を 3 等分せよ．この問題は次のように述べることができる．$P_0 = \{0, 1, (1+\sqrt{-3})/2\}$ から $\cos\pi/9 + i\sin\pi/9$ を構成せよ．しかし $(1+\sqrt{-3})/2$ は $\{0, 1\}$ から構成されるので，結局次の問題となる．

問題 $P_0 = \{0, 1\}$ から出発して，$\xi = \cos\pi/9 + i\sin\pi/9$ は定規とコンパスで作図できるか．

作図できたと仮定して矛盾を導く．ξ が構成できれば，複素共役 $\bar{\xi} = \cos\pi/9 - i\sin\pi/9$ も構成できるので，
命題 2 によって，$\lambda = 2\cos\pi/9 = \xi + \bar{\xi}$ も構成できる．

さて，3 倍角の公式により，

$$\cos(3\theta) = 4\cos^3\theta - 3\cos\theta.$$

$\theta = \pi/9$ とすれば

$$\lambda^3 - 3\lambda - 1 = 0.$$

ところで，多項式 $f(x) = x^3 - 3x - 1 \in \mathbb{Q}[x]$ は既約である．何故なら，

$$f(x+1) = x^3 + 3x^2 - 3$$

となり，アイゼンシュタインの判定法により，$x^3 + 3x^2 - 3$ は既約であるからである (iv 数学の基礎，5.8 アイゼンシュタインの判定法参照)．

したがって $[\mathbb{Q}(\lambda):\mathbb{Q}] = 3$.

前の節と同じ論法によって，3 が 2 のベキを割り切ることとなって矛盾である．

円と面積の等しい正方形の作図

これは，次の問題と同値である．

問題 $P_0 = \{0, 1\}$ から出発して，円周率 π が定規とコンパスで構成できるか．

もし可能であれば，2 次拡大の列 K_i/K_{i-1}, $i = 1, 2, \cdots, r$,
$$K_0 = \mathbb{Q} = \mathbb{Q}(P_0) \subset K_1 \subset \cdots \subset K_r$$
が存在して
$$\pi \in K_r$$
である．これは π が代数的数であることを意味し，π が代数的数でないことを主張するリンデマンの定理(1882年)に矛盾する．ただし，リンデマンの定理の証明は難しい．

作図できる正多角形

例 5 と命題 3 より次の結果を得る．

正 5 角形は定規とコンパスで作図できる．

これと全く同じ方法で，19 歳のガウスを感動させた次の定理が証明できる．

> **定理 5**（ガウス） 正 17 角形は定規とコンパスで作図できる．

円分方程式と呼ばれる $\mathbb{Q}$ 上の代数方程式
$$x^{16}+x^{15}+x^{14}+\cdots+x+1 = 0 \qquad (*)$$
を考える．
$$\zeta = \cos\frac{2\pi}{17} + i\sin\frac{2\pi}{17}$$
とおく．方程式 $(*)$ の分解体 L は
$$L := \mathbb{Q}[\zeta,\ \zeta^2,\ \cdots,\ \zeta^{16}] = \mathbb{Q}[\zeta]$$
である．正 5 角形の場合と同様に，次のように推論する．

(1) ガロア拡大の $\mathbb{Q}[\zeta]/\mathbb{Q}$ のガロア群は位数 16 の巡回群である．
(2) ステップ (1) でガロア群が分ったので，

2 次拡大の列
$$\mathbb{Q} \subset \mathbb{Q}(\eta_1) \subset \mathbb{Q}(\eta_1)(\eta_2) \subset \mathbb{Q}(\eta_1,\ \eta_2)(\eta_3) \subset \mathbb{Q}(\eta_1,\ \eta_2,\ \eta_3)(\eta_4)$$
$$= \mathbb{Q}(\zeta)$$
を構成する．

この方法のすばらしい点は，さらなる一般化ができることである．

> **定義** $n = 0, 1, 2, \cdots$ に対して，整数 $F_n = 2^{2^n}+1$ をフェルマ数と呼ぶ．

1640 年にフェルマは $F_0 = 3$, $F_1 = 5$, $F_2 = 17$, $F_3 = 257$, $F_4 = 65537$ が素数であることを発見し，さらにすべてのフェルマ数は素数であると予想した．しかし，オイラーは 1732 年 $F_5 = 2^{32}+1 = 641 \times 6700417$ と因数分解できることを発見した．つまり F_5 は素数ではないのである．

正5角形が作図できることを示したのと同じ方法で次の定理を示すことができる．

> **定理6** フェルマ数 F_n が素数であれば，正 F_n-角形は定規とコンパスで作図できる．

系 正257角形，正65537角形は定規とコンパスによって作図できる．

フェルマ数 F_n がいつ素数になるかは，あまり分かっていない．

現在知られている素数となる F_n（フェルマ素数とよぶ）は，フェルマの見つけた F_0, F_1, F_2, F_3, F_4 のみである．

シモーヌ・ヴェイユ

フランスにおいて，数学の算術化の路線を強力に推進したのがアンドレ・ヴェイユである．彼は秀才中の秀才であり，ギリシア語でアルキメデスを読み，オイラー，ガウスをラテン語の原典で研究するという具合であった．ドイツ語も自由に話し，19世紀のドイツにおける数学の発展に魅了されていた．それに比べて，数学においてフランスが後進国であることを実感していた．19世紀ドイツの新しい数学をフランスに導入することによって，フランスの数学界を刷新しようとした．旧態依然たるフランス数学界を批判する彼の態度は，

アンドレ・ヴェイユ

110 ⅱ．ガロア理論＝「曖昧さ」の理論

フランス国内で摩擦を引き起こした．

シモーヌ・ヴェイユ(1909-1943)は，3歳年下のアンドレの妹である．彼女も兄に劣らぬ才媛であった．次のような逸話が残っている．

シモーヌ・ヴェイユ

> ある時，彼女の学んでいたアンリⅣ世校の前で，配達の車が横転した(ピザのデリバリーのようなものだったらしい)．その場に居合わせたシモーヌは即興で，その場面をギリシア語の劇として1人で演じた．
> カルチエ

エコール・ノルマル・シュペリュールで哲学を修めると，高校の先生として，ル・ピュイという街に赴任する．そこで，労働運動に身を投じる．自分は失業者と同様に，一日5フランで暮らし，教員としての給料の大部分を寄付したりした．また，女工の生活の実態を体験するために，高校を休職して，ルノーの工場で働いたこともある．このような生活態度から，「彼女は聖女であった」と高く評価する声もある．

兄アンドレの影響であろう，シモーヌ・ヴェイユは数学についての考察を多く残している．その中で，彼女はギリシアの幾何学を最高の学問として位置づけている．幾何学を学ぶことによって，人は知性を発展させ，正しく推論することを学び，絶対的なもの＝神の存在を認識することができるというのである．

それに比べて，算術は，人夫の数に1人当りの日当を掛けて，さらに労働日数倍してみたところで，何の知性も育たないというのである．

これは明らかにガウス，デデキント以来の数学の算術化の方向と逆行している．

ユークリッドの原語 (Elements) は確かに，ヨーロッパにおける学問の体系化の最も完成した手本であるが，しかしながら，定理6の結論である，正65537角形は定規とコンパスで作図できるという主張は，その内容はギリシア的であるがギリシア的な幾何学の手法では証明できないのである．何故なら，それは65537がフェルマ素数であるという算術的な事実の帰結であるからである．

また，シモーヌ・ヴェイユは数学の世俗化に反対している．数学の世俗化とは，数学の高度な部分を損なってもよいから，一般の人に，その内容を易しく説明することである．

彼女が反対する理由は，

> 数学によって，また数学によってのみ人間は絶対的なもの＝神の存在を認識できる．数学の世俗化は，人から神を認識する唯一の機会を奪うことになるからである．

深く考えさせられる言葉である．「市場原理は神の見えざる手」というときの神とは異なる神を認識する必要は確かにある．証券会社のコンピュータの端末を見ることによって，そこから絶対的なものの存在を認識するのは困難である．

正7角形は定規とコンパスで作図できない

円分方程式
$$x^6 + x^5 + x^4 + x^3 + x^2 + x + 1 = 0$$
を考える．この方程式の分解体 $L/\mathbb{Q}$ を考えると，ガロア群 $G(L/\mathbb{Q})$ は位数6の巡回数となる．一方，正7角形が作図できたとすれば，2次拡大の列
$$\mathbb{Q} \subset M_1 \subset M_2 \subset \cdots \subset M_r$$
が存在して，$L \subset M_r$ となる．

$$[M_r:\mathbb{Q}]=[M_r:M_{r-1}][M_{r-1}:\mathbb{Q}]$$
$$=2[M_{r-1}:\mathbb{Q}]=2[M_{r-1},M_{r-2}][M_{r-2}:\mathbb{Q}]$$
$$\cdots$$
$$=2^{r-1}[M_1:\mathbb{Q}]=2^{r-1}\cdot 2=2^r$$

となって, 6 が 2^r の約数となって矛盾である.

可能性の証明と不可能性の証明

高等学校で学ぶ数学では, 不可能性を主張する命題は $\sqrt{2}$ の無理性くらいであろう.

命題 4 $\sqrt{2}=m/n$ となる正整数 m, n は存在しない.

この命題の証明は, 高等学校で学ぶように, 難しいものではないが, 一般に何かが不可能であることを証明するのは難しい. その典型例が 5 次方程式のベキ根による解法である. そのためには, 決定的な新しいアイディア,「曖昧さ」の理論が必要であった. このように, 歴史的な問題に否定的に答えることは重要である. しかし, その新しさばかりに目を奪われるのは正しくない.

上の正 n 角形の作図の問題で見れば明らかなように, 否定的な結果である,

正 7 角形は定規とコンパスで作図できない

よりも, ガウスに数学に一生を捧げることを決意させた肯定的命題

正 17 角形は定規とコンパスで作図できる

の方が面白いのである.

そのことは「正17角形が定規とコンパスで作図できる」ことが証明できることからも明らかである．否定的な命題は行き止りの袋小路となる可能性もあるのである．要約すれば，

　　肯定的な命題の方が否定的な命題よりも豊かである．

5次方程式はベキ根で解けない

　定規とコンパスを使って，正5角形が作図できること，正7角形が作図できないことの証明は，次のように要約することができる．

ステップ(0)　幾何学の問題を算術化する．

　この段階は文化と思想に関わっており，極めて重要である．「料理をする前に魚のウロコを取りましょう」というような，ありきたりのものではない．しかし，このプロセスは非常に興味深いが，ここで議論するには難しすぎるので，最初から算術的な問題があるとする．

ステップ(1)　算術に基づく観測の曖昧さによって，観測対象の持つ分離できないデータ，ガロア群を取り出す．

ステップ(2)　採集したデータ，ガロア群を分析器にかける．

　(2)のプロセスが，正5角形，正7角形の作図の問題では，はっきり見えなかったかも知れない．しかし，作図できるためには，体の拡大が2次拡大の列に還元されなければならない．

　正7角形では，データを分析器にかけ，検査結果の項目の1つである拡大次数を見ると，3が検出されているから，作図できないことが分かる．一方，正5角形では，拡大次数の項目が$(2, 2)$と

出ているので，2次拡大を2回繰り返せばよく，定規とコンパスで作図できると結論できる．

次のようなたとえ話はどうであろう．ある奇妙な病気が流行しているとしよう．この病気の症状は突然現れる．激しい睡魔に襲われ，患者はそれに抵抗できなくて，ところ構わず熟睡してしまう．この病気に罹っているのを知らず，車でも運転していたら危険である．何とかして，事故を未然に防ぐ方法はないものかということになる．しばらくすると，この病気に罹っているかどうかを簡単に判定できることが分かる．この病気に罹ると血液中のネムインの量が異常に増えていることが判明したのである．

血液 100 ml 中に含まれるネムインの量をネムイン係数と呼ぶことにすれば，血液検査をし，ネムイン係数を見ればこの病気であるか分かる訳である．

検査のプロセスを分析すれば次のようになる．

(1) 患者の血液を採取する．与えられた方程式の持つ曖昧さを見る．つまり，ガロア理論を方程式に応用する．

(2) 採取した血液を分析器にかけて，ネムイン係数の項目を見る．ここが，項目，拡大次数に相当する．

血液の中の他の物質を調べれば，この方法を他の病気の診断に応用することもできる．

(1)の血液採取は変わらないが，(2)の分析する項目を変えるのである．例えば突然口のきけなくなる病気に罹っているかどうかを判定するには，血液中のナニモイワン係数を分析すればいいように．

5次方程式がベキ根で解けないことも，定規とコンパスによる作図の問題と同様に検査項目を変えるだけでできるのである．

群を分析器にかける

3次対称群 S_3 を考えると，正規部分群 A_3 がある．
$$S_3 \supset A_3 = \left\{ 1, \begin{pmatrix} 1 & 2 & 3 \\ 2 & 3 & 1 \end{pmatrix}, \begin{pmatrix} 1 & 2 & 3 \\ 3 & 1 & 2 \end{pmatrix} \right\}.$$
交代群 A_3 は位数3の巡回群 $\mathbb{Z}/3\mathbb{Z}$ と同型である．その商群 S_3/A_3 は位数2の巡回群 $\mathbb{Z}/2\mathbb{Z}$ と同型である．
$$S_3/A_3 \simeq \mathbb{Z}/2\mathbb{Z}.$$

したがって，3次対称群 S_3 を砕けば，巡回群 $\mathbb{Z}/3\mathbb{Z}$ と $\mathbb{Z}/2\mathbb{Z}$ になることが分かる．$\mathbb{Z}/3\mathbb{Z}$, $\mathbb{Z}/2\mathbb{Z}$ には自明でない正規部分群がないので，これ以上細かく砕くことはできない．

群をつくる元素，単純群

自分自身と単位群1以外に正規部分群を持たない群を単純群という．

例 $\mathbb{Z}/2\mathbb{Z}$, $\mathbb{Z}/3\mathbb{Z}$ は単純群である．より一般に，素数 p に対して，位数 p の巡回群 $\mathbb{Z}/p\mathbb{Z}$ は単純群である．その他に5次交代群 A_5 は単純群である．

群の元素分解，組成列

G を有限群とすると，G の部分群の列
$$1 = G_0 \subset G_1 \subset G_2 \subset \cdots \subset G_n = G \quad (*)$$
が $i = 1, 2, \cdots, n$ について，次の条件(1), (2)をみたすとき，(*)は組成列であるという．

(1) G_{i-1} は G_i の正規部分群である．

(2) 商群 G_i/G_{i-1} は単純群である．

例えば,
$$1 \subset A_3 \subset S_3$$
は3次対称群 S_3 の組成列である.

群 G の組成列は,群 G を砕けば,これ以上細かく砕けない単純群 G_i/G_{i-1} ($i=1,2,\cdots,n$) になることを示している.

さて,睡眠病では血液中のネメイン係数を見ればよかったのであるが,5次方程式がベキ根で解けないことを示すには,何を分析すればよいのであろう.それが上に示した組成列,群の元素分解なのである.

定理7 体 K 上の代数方程式
$$a_0 x^n + a_1 x^{n-1} + \cdots + a_n = 0, \qquad (*)$$
$$a_0 \neq 0, \ (a_i \in K,\ 0 \leq i \leq n)$$
を考える.次の条件は同値である.
(1) 方程式 $(*)$ はベキ根で解ける.
(2) ガロア群 $G(L/K)$ の組成列に現れるのは $\mathbb{Z}/p\mathbb{Z}$ の型の巡回群のみである.ここで,p は素数である.L は方程式 $(*)$ の分解体である.

一方,5次方程式については,次の結果が成り立つ.

定理8 体 K 上の一般的な5次方程式
$$a_0 x^5 + a_1 x^4 + \cdots + a_5 = 0, \qquad (**)$$
$$a_0 \neq 0, \ (a_i \in K,\ i=0,1,\cdots,5)$$
の分解体 L/K のガロア群 $G(L/K)$ の組成列に,位数60の単純群である5次交代群 A_5 が出現する.

定理 7, 8 より次の結論を得る．

体 K 上の一般の 5 次方程式 (**) の解を，基礎体 K から出発してベキ根と加減乗除のみを有限回繰り返すことによって表示することはできない．

つまり，2 次方程式
$$ax^2+bx+c=0, \ a \neq 0$$
の解の公式
$$x = \frac{-b \pm \sqrt{b^2-4ac}}{2a} \qquad (\dagger)$$
を 5 次方程式に一般化することはできない．

注意 1 5 次以上の方程式についても，定理と同様の結果が成り立つ．したがって，古典的な公式 ($\dagger$) があるのは，上の 2 次方程式の場合の他は，3 次方程式，4 次方程式の場合のみである．3 次，4 次方程式の解をベキ根を使って表示する公式を各々カルダーノの公式，フェラーリの公式という．

注意 2 特別な 5 次方程式は，ベキ根と加減乗除によって解を表示することができる．

例えば，有理数体 $\mathbb{Q}$ 上の 5 次方程式
$$x^5 - 1 = 0$$
を考えると，その解は
$$x = \sqrt[5]{1}$$
である．ここで，$\sqrt[5]{1}$ は
$$e^{2\pi j \sqrt{-1}/5} = \cos \frac{2\pi j}{5} + \sqrt{-1} \sin \frac{2\pi j}{5}, \ 0 \leq j \leq 4,$$
と解釈する．この 5 次方程式の分解体は円分方程式
$$x^4 + x^3 + x^2 + x + 1 = 0$$

の定める円分体であり，ガロア群はアーベル群 $\mathbb{Z}/4\mathbb{Z}$，したがって，可解である．

　この章の初めに見たように，5次方程式を五重塔にたとえれば次のように表現できる．
- (1) 一般の五重塔はよく「しなる」．
- (2) 5次方程式がベキ根と加減乗除で解けるならば，その五重塔は「しなやかさ」に欠ける．

したがって，一般の5次方程式はベキ根と加減乗除で解けない．

5次方程式は解ける

　ガロア理論により，5次方程式は解けないことを学んだのに，何かの間違いではないかと思うかも知れないが，そうではない．

　証明された定理を，もう一度思い出してみると，
「一般の5次方程式の解は，ベキ根と加減乗除を有限回繰り返すことによって，表示することはできない」
ことを主張していた．

　つまり，許される操作はベキ根を開くことと，加減乗除のみであった．別の操作を許せば解を表示することは可能である．

　たとえば，わらじと雨合羽のみでエベレストの登頂をすることは不可能であるが，高度な装備をすれば頂上に立つことはできるのにたとえることができる．エベレストどころか，科学技術を使えば月の表面に降り立ち帰還することも可能である．

　既に1858年にエルミートとクロネッカーは楕円モジュラー関数を使えば，5次方程式が解けることを発見した．クロネッカーはさらに，この方法は一般の n 次代数方程式にも拡張できることを期

待した．この予想はジョルダンによって実現された．

その基礎となるアイディアを説明する．根号 $\sqrt[n]{a}$ とは一体何であるのか？

まず，
$$\sqrt[n]{a} = \exp\left(\frac{1}{n}\log a\right)$$
$$= \exp\left(\frac{1}{n}\int_1^a \frac{1}{x}\,dx\right) \quad (*)$$
であることに注意する．等式 $(*)$ は両辺の多価性も含めて成立していることに注意する．

n 次方程式を解くには，公式 $(*)$ を次のように一般化する．

(1) 超越関数 $\exp u$ をモジュラー関数と呼ばれる特殊関数に置き換える．

(2) 積分 $\int_1^a \frac{1}{x}\,dx$ を楕円積分，あるいはさらに一般の超楕円積分に置き換える．

梅村 [U], 6.6　5 次方程式の解法, Mumford [M] の付録にある梅村の論文参照．

この結果は，不可能性を主張する袋小路に導く定理と違って，新しい世界を開いている点に注目しよう．

iii. ガロア狂詩曲

マントヒヒと数学者

先日テレビで、エチオピアの大地溝帯に生息するマントヒヒの生活の記録を見た．日本の近くではプレートがぶつかり合って地震の原因となるが、エチオピアではアフリカ大陸が二つに割れて別れていき、そこに大地溝帯が出現するのである。大地溝帯の絶壁にマントヒヒは暮らしている．

マントヒヒはかなり高度な社会を作って暮らしている．社会の最小の単位は家族である．家族は1頭のオスと通常は複数のメス，その子供から成り立っている．つまり一夫多妻制である．家族が集まって200頭程の集団を形成する．このような集団が数個存在する．

マントヒヒにとって一番大切なことは，言うまでもなく生存することである．生存するためには二つの重要な問題がある．一つは，敵から身を守ることである．ハイエナはマントヒヒの天敵であり，ハイエナを発見すると直ちに警戒態勢に入り，集団のオスたちは団結してハイエナを威嚇して追い払う．生存の第二の重要事項は食料の確保である．このためにも集団で行動する方が有利である．

さて生存が確保されると，その次に来るのが，オス特有の問題である．オスはできる限り沢山の子孫を残したがっているのである．自分のDNAを後世に残したいのである．そのため，メスの奪い合いで争いが起こる．

オスは自分のメスが常に自分の側を離れないように神経を使う．また，メスの毛づくろいをしたりして，最大限のサービスをして，自分と家族を作ることが如何に快適であるか，メスに示さなければならない．とくに，特定のメスを大事にして可愛がってはならない．そうすると，可愛がられていないメスを他のオスに奪われることになる．マントヒヒの世界には楊貴妃はいないのである．

それでもメスをめぐる争奪戦は頻繁に起こるのは当然といえば当然である．また，二つの集団が出会ったときも，集団の間で激しいメスの奪い合いが起こる．

　多くのメスを抱える強いオスと家族も持てない最下層のオスの受けるストレスは同じ位だとの研究もある．

　この姿は人間の社会とよく似ている．人間の場合はさらに複雑で，オスの欲しがるのはメスだけでなく，社会的な地位，財産，権力，名誉であったりする．

　この章では数学者とはどんな人種なのであるのか，ガロア理論の発展の歴史から考察するが，一言でいえばマントヒヒのオスが必死で1頭でも多くのメスを求めるように，数学者も何かを求めているのである．スキャンダル，乱闘に色どられたその後の微分ガロア理論の発展は，マントヒヒのオスの間で繰り広げられるメスの奪い合いに似ている．しかし，正当化不可能な近代の戦争における大量殺戮が，マントヒヒの種の発展のために有益と思われるメスの争奪戦と余りにも違うように，人間の社会は高度に複雑であり，数学者が何を奪い合っているのかは定かではない．

　記憶が正確ではないが，グロタンディエクが次のようなことを言っていたのを思い出す．

　　不安だから数学の研究をする．しかし，いくら数学を研究しても不安から逃れられるものではない．

微分方程式のガロア理論のたどった運命

　第 i 章，「決闘前夜の手紙」で見たように，ガロアは彼の「曖昧さ」の理論を解析学に応用することを試みていた．

その実現に深刻に取り組んだのが，リー(1842-1899)である．彼は解析学におけるガロア理論は無限次元の理論であることを認識した．しかし，当時は，有限次元のリー群論，リー環論さえも存在していなかった．解析学におけるガロア理論（= 微分方程式のガロア理論）を実現するためには，有限次元の理論の建設から始めなければならず，大変な作業であった．

リー

ピカール(1856-1941)は1896年，線型常微分方程式のガロア理論を提出し，リーのアイディアの一部を実現した．この理論は現在ピカール・ヴェッシオ理論とよばれており，有限次元の理論である．

最初の無限次元の微分ガロア理論（= 微分方程式のガロア理論）の試みは，1898年に提出されたドラック(1871-1941)[1]の学位論文でなされた．次の節で説明するように，この論文は多くの問題点を含んでいた．

1900年頃からの仕事に始まって，ヴェッシオ(1865-1957)はドラックの論文を，揺るぎない基礎の上に築くために一生を捧げた．

しかし20世紀に入ると，無限次元の一般微分ガロア理論は難しいこともあって，あまり研究されなくなり，結局忘れ去られてしまった．

---

[1] 名前 Drach をどう発音するかは，不明である．ドラックと読む人が多いが，ドラッシュと発音する人もいる．家族に尋ねてみないと，正しい発音は分からないとマルグランジュは言っている．

コルチン (1916-1991) のガロア理論がよく知られている．これは線型常微分方程式の理論を，一般の代数群にまで拡張したもので，有限次元の理論である．

その後 1983 年には，ポマレが野心作「微分ガロア理論」を発表した．これが契機となり，私がヴェッシオの仕事に発想をえて一般微分ガロア理論を 1996 年に発表した．これを受けて，マルグランジュはやはり，ヴェッシオの同じ論文をエリー・カルタンの擬群の理論と結びつけて，2001 年に新理論を提出した．梅村理論とマルグランジュ理論とは等価であることが知られており，一般微分ガロア理論は新たに注目を浴びるようになった．

この様子をこの章で説明する．

スキャンダル 1　誰も理解できなかった博士論文

リーは一般微分ガロア理論が無限次元の理論であることを発見した．その本格的な実現に最初に迫ったのが，1898 年パリで提出されたドラックの博士論文である．この論文は野心作であると同時に問題作であった．

この論文の欠陥に最初に気が付いたのはヴェッシオである．彼はドラックより 6 歳年上であり，微分方程式のガロア理論を研究していた．ヴェッシオは審査を終えたばかりのドラックの学位論文を入手すると，それを注意深く読んだ．しかも，ヴェッシオこそが，この論文を読んだ最初の人であった．彼はこの論文がきわめて不完全なものであり，誤りを含んでいることを発見した．そして，そのことをパンルヴェに告げる．すぐに，パンルヴェは論文を読み，ヴェッシオの意見が正しいこと，つまりドラックの学位論文が間違っているのを確認し，そのことをドラック本人と論文審査の責任者だっ

たピカールに告げる．

パンルヴェはヴェッシオに書いている．

　　問題点について君から手紙が来たことをピカールに告げた．
2, 3 説明すると，問題点を見落として論文を通してしまった
ことに気がつき，飛び上がるほど驚いた．誰でも5分も考えれ
ば，問題があることが明らかになるからね．

　ピカールは当時フランス数学界を代表する数学者の一人である．一体，博士論文の審査とは何なのか，それは如何になされるのかを説明しよう．

　博士論文作成は指導教官のもとで行われる．指導者の影響がどの程度であるかは，場合によってかなり違う．論文が完成すると審査委員会がつくられ，その中の担当者が論文を読み，それが正しいかどうか，その価値について報告する．その結果が，合格と了承されると，最後に形式的な論文発表会がある．フランスだと，その後シャンパンで乾盃する．学生の両親が駆けつけて，お祝いをしたりするのが普通である．

　ドラックの論文の場合，審査委員は，ピカール（委員長），ダルブー，ポアンカレという顔ぶれであった．提出されたこの学位論文は，優れた論文であると述べたピカールとダルブーの報告書が残っている．ポアンカレは論文の発表会に来なかったという．一言で言えば，審査委員は誰も，審査すべきドラックの論文を読まなかったのである．

　昔，私がフランスに滞在していたとき，高等科学研究所 IHES

の昼食の席で，当時新進気鋭の数学者だったニコラス・カッツは言った．

　博士論文はそれが理解できない人々によって審査されている．

つまり，科学の急速な発展に取り残された年寄りの審査委員には，最新の理論は猫に小判だというのである．

ドラックの学位論文の場合は，これとは違うようである．ドラックは

カッツ

不思議な数学者で，その後，順調なキャリアを歩むが，理解できないが興味深い論文を一生書き続ける．

超幾何微分方程式，ピカール・ヴェッシオ理論 1

$a, b, c \in \mathbb{C}$, x を変数として，$f = f(x)$ を未知関数とする線型微分方程式

$$x(1-x)\frac{d^2 f}{dx^2} + \{c - (a+b+1)x\}\frac{df}{dx} - abf = 0 \quad (*)$$

を考える．この微分方程式は超幾何微分方程式とよばれ，18世紀以来，永い研究の歴史がある．

c が負の整数でないとすれば，超幾何級数

$$F(a, b, c; x) = 1 + \frac{a \cdot b}{1 \cdot c} x + \frac{a(a+1)b(b+1)}{1 \cdot 2 \cdot c(c+1)} x^2 + \cdots$$

は超幾何微分方程式($*$)の解となる([U], 4.6 参照)．

また，この微分方程式は，特別な場合として楕円曲線の族の周期のみたす微分方程式を含んでいる(同上参照)．

さて，微分方程式($*$)は x についての多項式を係数とするので，

方程式の係数を既知関数と考えれば，超幾何微分方程式(*)は有理関数体 $\mathbb{C}(x)$ を基礎体として，その上に関数 $f = f(x)$ を規定している．

x は実変数としてもよいが，複素変数とする方が扱い易いので，そうする．

$x = 0, 1$ では微分方程式の $d^2 f/dx^2$ の係数が消えてしまうので，例えば，点 $x = 2$ を考える．

さて，$x = 2$ の近くでは
$$f(x) = c_0 + c_1(x-2) + c_2(x-2)^2 + \cdots$$
として，(*)に代入して $c_0, c_1, c_2, \cdots$ を求めれば解 $f(x)$ は見つかる．しかし，$f(x)$ は一意的に定まらない．

より正確に述べると次のようになる．
$$V = \{ f(x) = c_0 + c_1(x-2) + c_2(x-2)^2 + \cdots \mid$$
$$c_0, c_1, c_2, \cdots \in \mathbb{C}, f(x) は(*)の解\}$$
とおく．

命題 1 (1) $f_1(x), f_2(x) \in V$ とすれば $f_1(x) + f_2(x) \in V$ である．(2) $\alpha \in \mathbb{C}, f(x) \in V$ とすれば，$\alpha f(x) \in V$ である．つまり，V は $\mathbb{C}$-ベクトル空間である．

証明の考え方 (1)については，
$$\frac{d(f_1+f_2)}{dx} = \frac{df_1}{dx} + \frac{df_2}{dx}, \quad \frac{d^2(f_1+f_2)}{dx^2} = \frac{d^2 f_1}{dx^2} + \frac{d^2 f_2}{dx^2}$$
に注意すればよい．

命題 2 ベクトル空間 V の次元は 2 である．その基底は

$$f_1(x) = 1 - \frac{1}{4}ab(x-2)^2 + \cdots,$$
$$f_2(x) = (x-2) + \frac{1}{4}\{c - 2(a+b+1)\}(x-2)^2 + \cdots$$

で与えられる．

これから，次の結果が得られる．

$f \in V$ とすれば，$\alpha, \beta \in \mathbb{C}$ が存在して
$$f = \alpha f_1 + \beta f_2$$
と書ける．

つまり，(1)の解全体 V を考えるには，f_1, f_2 さえ考えておけば十分なのである．上に定めた f_1, f_2 でなくても，2次元ベクトル空間 V の基底をとればよい．

微分環，微分体

微分方程式を扱うには，微分環，微分体の言葉を使うのが便利である．

定義1 有理数体 $\mathbb{Q}$ を含む可換環 R を考える．写像 $\delta : R \to R$ が次の条件をみたすとき，δ は環 R の微分であるという．

$a, b \in R$ とすれば
(1) $\delta(a+b) = \delta(a) + \delta(b)$,
(2) $\delta(ab) = (\delta(a))b + a\delta(b)$
が成り立つ．

例1 1変数多項式環 $\mathbb{C}[x]$ を考えれば，$\delta = d/dx : \mathbb{C}[x] \to \mathbb{C}[x]$, $f(x) \longmapsto df/dx$ は $\mathbb{C}[x]$ の微分である．

例2 開単位円板 $D = \{x \in \mathbb{C} \mid |x| < 1\}$ を考える．D 上の正則

関数全体のなす環を R とし，通常の微分 d/dx を考えれば，やはり d/dx は R の微分となる．

例3 例1, 2 で R の商体を K とすれば，$a, b \in R$, $b \neq 0$ について，
$$\delta\left(\frac{a}{b}\right) = \frac{\delta(a)b - a\delta(b)}{b^2} \qquad (**)$$
と定義すれば，δ は K の微分となる．このことは，次のように一般化される．

補題1 整域 R の微分 $\delta: R \to R$ は，公式 $(**)$ によって R の商体 K の微分に拡張できる．

定義2 可換環 R と，R の微分 δ の組 (R, δ) を微分環とよぶ．R が体であるとき，(R, δ) を微分体とよぶ．

さて，超幾何微分方程式にもどろう．微分方程式を考えるので，微分のついた環，体つまり微分環，微分体を扱う．微分方程式 $(*)$ の基礎体は，$(\mathbb{C}(x), d/dx)$ である．

上で見たように，基礎体 $\mathbb{C}(x)$ に超幾何微分方程式 $(*)$ の解全体 V を付加した体 $\mathbb{C}(x)(V) = \mathbb{C}(x)(f_1, f_2)$ は，微分方程式 $(*)$ の $\mathbb{C}(x)$ 上のガロア拡大に相当する．しかし微分で閉じていないので，次のようにする．

$\mathbb{C}(x)(f_1, f_2, f'_1, f'_2)$ は微分体であることに注意する．δ として，x に関する微分 $\delta = d/dx$ をとれば $\delta(f_i) = f'_i$，$i = 1, 2$ であり，$\delta(\delta(f_i)) = f''_i$．微分方程式 $(*)$ より
$$x(1-x)f''_i + \{c - (a+b+1)x\}f'_i - abf_i = 0.$$
したがって，

$$\delta(f'_i) = f''_i = -\frac{1}{x(1-x)}[\{c-(a+b+1)\}x - abf_i]$$

となることから,

$$(\mathbb{C}(x)[f_1, f_2, f'_1, f'_2], d/dx)$$

は微分環となる. 補題1により, 商体

$$(\mathbb{C}(x)(f_1, f_2, f'_1, f'_2), d/dx)$$

は微分体となる.

以上により, 線型微分方程式(∗)のガロア拡大というべき, 微分体 $\mathbb{C}(x)$ の微分拡大

$$(\mathbb{C}(x)(f_1, f_2, f'_1, f'_2), d/dx)/(\mathbb{C}(x), d/dx)$$

が得られた. この微分体の拡大を超幾何微分方程式(∗)のピカール・ヴェッシオ拡大とよぶ. $L = \mathbb{C}(x)(f_1, f_2, f'_1, f'_2)$ とおく. 線型微分方程式(∗)のガロア群 $G(L/\mathbb{C}(x))$ を,

$$G(L/\mathbb{C}(x)) := \mathrm{Aut}((L, d/dx)/(\mathbb{C}(x), d/dx))$$

によって定義する.

ここで, Aut は微分体 $(L, d/dx)$ の $\mathbb{C}(x)$-微分自己同型 $\varphi: L \to L$ の全体のなす群である.

つまり, (1) $\varphi: L \to L$ は体 L の自己同型であり, さらに, (2)微分 d/dx と可換, つまり図式

$$\begin{array}{ccc} L & \xrightarrow{\varphi} & L \\ {\scriptstyle d/dx}\downarrow & & \downarrow{\scriptstyle d/dx} \\ L & \xrightarrow{\varphi} & L \end{array}$$

は可換, (3) $f \in \mathbb{C}(x)$ ならば $\varphi(f) = f$
をみたすもの全体を考える.

命題3 自然な単射準同型写像

$$G(L/\mathbb{C}(x)) \to \mathrm{GL}(V)$$

が存在する.

証明 $\varphi \in \mathrm{Aut}((L, d/dx)/(\mathbb{C}(x), d/dx))$ とすれば, φ は線型微分方程式の解のなすベクトル空間 V を V 自身に写す. φ の V への制限

$$\varphi|V : V \to V$$

は V の線型自己同型写像であるので, 群の準同型写像

$$G(L/\mathbb{C}(x)) = \mathrm{Aut}((L, d/dx)/(\mathbb{C}(x), d/dx)) \to \mathrm{GL}(V)$$
$$\varphi \longmapsto \varphi|V$$

が決まる. V は $\mathbb{C}(x)$ 上 $\mathbb{C}(x)(f_1, f_2, f_1', f_2')$ を生成するので, この写像は単射である.

V は 2 次元複素ベクトル空間なので, $\mathrm{GL}(V) = \mathrm{GL}_2(\mathbb{C})$ である. したがって, 単射準同型写像 $G(L/\mathbb{C}(x)) \to \mathrm{GL}(V) = \mathrm{GL}_2(\mathbb{C})$ が得られた. 故に, ガロア群 $G(L/\mathbb{C}(x))$ は $\mathrm{GL}_2(\mathbb{C})$ の部分群と見なせる. この時次が成り立つ.

> **定理 1** 上の写像によって, $G(L/\mathbb{C}(x))$ は一般線型群 $\mathrm{GL}_2(\mathbb{C})$ の代数部分群と見なせる. つまり, 線型微分方程式 $(*)$ のガロア群 $G(L/\mathbb{C}(x))$ は代数群の構造をもつ.
>
> さらに, 代数方程式のガロア理論の場合のように, 次の集合の元の間に 1:1 対応がつく.
> (1) $L/\mathbb{C}(x)$ の微分で閉じた中間体全体のなす集合.
> (2) 代数群 $\mathrm{GL}_2(\mathbb{C})$ の代数部分群全体のなす集合.

代数群については次の節で説明する.

代数群について

複素数体 $\mathbb{C}$ 上の一般線型群
$$\mathrm{GL}_2(\mathbb{C}) = \left\{ \begin{bmatrix} a & b \\ c & d \end{bmatrix} \,\middle|\, a,b,c,d \in \mathbb{C},\ ad-bc \neq 0 \right\}$$
を考える.

(1) $\mathrm{GL}_2(\mathbb{C})$ は代数多様体である.

実際, 2×2-行列全体
$$M_2(\mathbb{C}) = \left\{ \begin{bmatrix} a & b \\ c & d \end{bmatrix} \,\middle|\, a,b,c,d \in \mathbb{C} \right\}$$
は, 4次元アフィン空間 $\mathbb{C}^4$ と同一視されるので, 代数多様体である. $\mathrm{GL}_2(\mathbb{C})$ は代数的数体 $M_2(\mathbb{C})$ の中の点
$$\begin{bmatrix} a & b \\ c & d \end{bmatrix}$$
であって, $ad-bc \neq 0$ となるもの全体であるので, ザリスキ位相に関して, $M_2(\mathbb{C})$ の開集合である. したがって, 代数多様体である.

(2) $\mathrm{GL}_2(\mathbb{C})$ は群である.

このことは, 線型代数学で学ぶ.

$\mathrm{GL}_2(\mathbb{C})$ は代数多様体であり, しかも群である. 代数多様体の構造と群の構造は無関係ではない.

(3) $\mathrm{GL}_2(\mathbb{C})$ の群の構造は代数的写像によって定まってる.

例えば, 群 $\mathrm{GL}_2(\mathbb{C})$ の積を考えよう. 積の定める写像
$$\mathrm{GL}_2(\mathbb{C}) \times \mathrm{GL}_2(\mathbb{C}) \to \mathrm{GL}_2(\mathbb{C}),\ (A, B) \mapsto AB$$
を考える.
$$A = \begin{bmatrix} a & b \\ c & d \end{bmatrix},\quad B = \begin{bmatrix} x & y \\ u & v \end{bmatrix}$$
とすれば, 積は

$$AB = \begin{bmatrix} ax+bu & ay+bv \\ cx+du & cy+dv \end{bmatrix}$$

で与えられる．積 AB の成分は $ax+bu$, $ay+bv$, $cx+du$, $cy+dv$ であり，これらはすべて a,b,c,d,x,y,u,v の多項式である．つまり，演算は多項式で記述されている．より正確に述べれば，積の定める写像

$$\mathrm{GL}_2(\mathbb{C}) \times \mathrm{GL}_2(\mathbb{C}) \to \mathrm{GL}_2(\mathbb{C})$$

は代数多様体の準同型写像である．同様にして，逆元をとる写像

$$\mathrm{GL}_2(\mathbb{C}) \to \mathrm{GL}_2(\mathbb{C}), \quad A \longmapsto A^{-1}$$

も代数多様体の準同型写像である．

$\mathrm{GL}_2(\mathbb{C})$ のように，代数多様体 G が同時に群であり，その演算が上の意味で代数的なとき，G は代数群であるという．

代数群 $\mathrm{GL}_2(\mathbb{C})$ の閉部分集合

$$B = \left\{ \begin{bmatrix} a & b \\ c & d \end{bmatrix} \in \mathrm{GL}_2(\mathbb{C}) \,\middle|\, c = 0 \right\} \subset \mathrm{GL}_2(\mathbb{C})$$

を考える．B は代数関係式 $c=0$ で定義される代数多様体 $\mathrm{GL}_2(\mathbb{C})$ の部分集合なので，B は $\mathrm{GL}_2(\mathbb{C})$ の閉部分集合である．さらに，B は $\mathrm{GL}_2(\mathbb{C})$ の部分群である．このことより，B は $\mathrm{GL}_2(\mathbb{C})$ の閉代数部分群であることが分かる．

一般的に述べると，次のようになる．代数群 G の閉集合 H が部分群であれば，H は代数群になる．このような部分群 H を代数群 G の閉代数部分群という．

$\mathrm{GL}_2(\mathbb{C})$ の閉代数部分群で代表的なものをあげる．

$$H = \left\{ \begin{bmatrix} a & b \\ c & d \end{bmatrix} \in \mathrm{GL}_2(\mathbb{C}) \,\middle|\, c = b = 0 \right\},$$

$$U = \left\{ \begin{bmatrix} a & b \\ c & d \end{bmatrix} \in \mathrm{GL}_2(\mathbb{C}) \,\middle|\, a = d = 1, \; c = 0 \right\}.$$

また，$\mathrm{GL}_2(\mathbb{C})$ の有限部分群はすべて，閉代数部分群である．例

えば
$$\left\{\begin{bmatrix} \zeta & 0 \\ 0 & \zeta^{-1} \end{bmatrix} \middle| \zeta^n = 1\right\}$$
はそのような例である．

$\mathrm{GL}_n(\mathbb{C})$ の閉部分群を線型代数群とよぶ．$\mathbb{C}$ 上定義される代数群は，次の2つに大別される．
(1) 線型代数群，
(2) 楕円曲線，およびその一般化であるアーベル多様体．

代数方程式と線型微分方程式

前の章で制約が代数方程式のガロア群を定めることを述べた．この観点から，線型微分方程式のガロア理論を見てみよう．まず代数方程式の場合から復習する．

例3 多項式 $f(x):=x^3+6x^2-8 \in \mathbb{Q}[x]$ を考える．$f(x)$ が $\mathbb{Q}$ 上既約であることは容易にわかる．

代数方程式
$$x^3+6x^2-8 = 0 \qquad (\dagger)$$
の1つの解 $x=\alpha$ を見ていても方程式($\dagger$)の対称性は見えてこない．しかし，次の集合

$S:=\{x=(x_1, x_2, x_3)|\ x_i\ (1\le i\le 3)$
　　　　　は方程式 $f(x)=0$ の3つの相異なる解である$\}$

を導入すると，対称性が見えてくる．

3次対称群 S_3 が S に自然に作用する．
$g\in S_3,\ x\in S$ とするとき，$g\cdot x=(x_{g(1)}, x_{g(2)}, x_{g(3)})$ と定める．作用 (S_3, S) は主等質空間である．つまり，$x\in S$ をとると，写

像 $S_3 \to S$, $g \longmapsto g \cdot x$ は全単射である.

ここで, 3次方程式
$$a_0 x^3 + a_1 x^2 + a_2 x + a_3 = 0, \quad a_0 \neq 0$$
の判別式 D について復習しておこう.

x_1, x_2, x_3 を方程式の3つの解とすると, 判別式 D は次で定義される.
$$D := a_0^4 (x_1 - x_2)^2 (x_1 - x_3)^2 (x_2 - x_3)^2.$$
解と係数の関係を使って係数で具体的に表示すれば
$$D = a_1^2 a_2^2 + 18 a_0 a_1 a_2 a_3 - 4 a_0 a_2^3 - 4 a_1^3 a_3 - 27 a_0^2 a_3^2$$
となる. したがって, 最初に与えた3次方程式(†)の判別式は
$$(x_1 - x_2)^2 (x_1 - x_3)^2 (x_2 - x_3)^2 = 2^6 3^4.$$
したがって, $x = (x_1, x_2, x_3) \in S$ のとき,
$$(x_1 - x_2)(x_1 - x_3)(x_2 - x_3) = \pm 2^3 3^2 \qquad (\dagger\dagger)$$
である. 符号は x_1, x_2, x_3 の順序によって変わる.

さて, S の元 $x = (x_1, x_2, x_3)$ を選んで固定する. x_1, x_2, x_3 の間の $\mathbb{Q}$ 係数の関係式を制約という. 例えば(††)は制約である.

19世紀風に述べれば, 方程式(†)のガロア群 G は3次対称群 S_3 のすべての制約を固定する部分群である.

つまり
$$G \subset A_3 = \{g \in S_3 \mid (x_{g(1)} - x_{g(2)})(x_{g(1)} - x_{g(3)})(x_{g(2)} - x_{g(3)})$$
$$= (x_1 - x_2)(x_1 - x_3)(x_2 - x_3)\}$$
となる.

この方程式の場合制約は, 本質的に判別式の他にないことが示され, 3次方程式(†)のガロア群 $G = A_3$ となる.

以上をまとめると次のようになる.

(1) 3次方程式の対称性は集合 S を導入することによって見えるよ

うになった．
(2) 作用 (S_3, S) は主等質空間である．
(3) ガロア群はすべての制約を不変にする S_3 の部分群としてとらえられる．

この解釈は発見的なものであり，一番スマートなガロア群 G の定義は
$$G := \mathrm{Aut}(\mathbb{Q}(x_1, x_2, x_3)/\mathbb{Q})$$
とする，デデキントの定義である．

ピカール・ヴェッシオ理論 2

具体例でヴェッシオの考え方を理解しよう．

2 階線型常微分方程式
$$y'' = xy \qquad (*)$$
を考える．x が独立変数であり，$y' = dy/dx$, $y'' = d^2y/dx^2$, $\cdots$ である．

微分方程式 ($*$) の 1 個の解を見ているだけでは，微分方程式 ($*$) の対称性が見えないのは，代数方程式 (†) の場合と同様である．そこで次の集合 S を導入する．

$$S := \left\{ Y(x) = \begin{bmatrix} y_1(x) & y_2(x) \\ y_1'(x) & y_2'(x) \end{bmatrix} \middle| \begin{array}{l} y_i(t),\ i = 1, 2 \text{ は } x = 0 \text{ の近傍で正則} \\ \text{な } (*) \text{ の解であり } \det Y(x) \neq 0 \end{array} \right\}$$

とおく[2]．

したがって，$Y(x) \in S$ ならば，
$$Y'(x) = \begin{bmatrix} 0 & 1 \\ x & 0 \end{bmatrix} Y(x) \qquad (**)$$
である．

---

[2] $\det A$ で行列 A の行列式を表わす．また，行列 $A = \begin{bmatrix} a & b \\ c & d \end{bmatrix}$ に対して，$\mathrm{tr}(A)$ を $a+d$ で定める．

一般線型群 $\mathrm{GL}_2(\mathbb{C})$ が集合 S に自然に作用する．即ち，$g \in \mathrm{GL}_2(\mathbb{C})$, $Y(x) \in S$ に対して，$Y(x)g$ は再び S の元となる．さらに，作用 $(\mathrm{GL}_2(\mathbb{C}), S)$ は主等質空間である．

また，等式（**）により，
$$(\det Y(x))' = \mathrm{tr}\left[\begin{pmatrix} 0 & 1 \\ x & 0 \end{pmatrix}\right] \det Y(x)$$
が成り立つ．したがって，
$$(\det Y(x))' = 0$$
である．つまり，$Y(x) \in S$ ならば，$\det Y(x)$ は定数である．S の元 $Y(x)$ を1つ選んで固定する．行列 $Y(x)$ の成分の有理式で，その値が $\mathbb{C}$ に入るのものを制約という．例えば $\det Y(x) = c \in \mathbb{C}$ は1つの制約である．ガロア群 G は $\mathrm{GL}_2(\mathbb{C})$ の部分群であって，すべての制約を固定するものとして定義する．したがって，特に微分法方程式（*）のガロア群は $\det Y(x)$ を固定しなければならない．つまり，
$$G \subset \{g \in \mathrm{GL}_2(\mathbb{C}) \mid \det(Y(x)g) = \det Y(x)\} = \mathrm{SL}_2(\mathbb{C})$$
である．

さらに，実は $G = \mathrm{SL}_2(\mathbb{C})$ であることが証明できるが，この事実は自明ではない．

上の観察を次のように要約することができる．

(1) 線型微分方程式も対称性は集合 S を導入することによって出現した．

(2) 作用 $(\mathrm{GL}_2(\mathbb{C}), S)$ は主等質空間である．

(3) ガロア群はすべての制約を不変にする元全体からなる $\mathrm{GL}_2(\mathbb{C})$ の部分群である．

最も洗練された線型微分方程式（*）のガロア群の定義は，$Y(x) \in S$ を1つとり，ピカール・ヴェッシオ拡大とよばれる微分

拡大体 $L/K := \mathbb{C}(x)(y_1(x), y_2(x), y_1'(x), y_2'(x))/\mathbb{C}(x)$ をつくり,
$$G(L/K) := \mathrm{Aut}(L/K)$$
と定める方法である.

ここで, $\mathrm{Aut}(L/K)$ は微分体 L の K-微分自己同型全体のなす群である.

非線型微分方程式のガロア理論, 19 世紀風に

代数方程式, 線型微分方程式のガロア理論について 19 世紀風に説明した. 類似の方法によって非線型微分方程式のガロア理論を扱うアイディアが既に 19 世紀に存在した. それを紹介する.

全体の感覚をつかむために, 非線型常微分方程式
$$y'' = F(x, y, y') \qquad (*)$$
を考えよう. ここで F は x, y, y' について $\mathbb{C}$-係数の多項式であると仮定しよう. 重要な特殊関数を定義する非線型微分方程式である, パンルヴェ方程式 $y'' = 6y^2 + x$ も, この型をしているので, この型に限っても特殊すぎることはない. 少し考えてみると, 代数方程式, 線型微分方程式の場合と事情が著しく異なっているのに気が付く. すなわち,

観察 非線型方程式 $(*)$ のすべての解を考えて, 方程式 $(*)$ の微分ガロア拡大をつくることは不可能である.

このようにしたところで, 非線型微分方程式 $(*)$ の隠れた対称性は見えてこない. 隠れた対称性を発見するために, そうではなくて, 複素平面上の一般の点 $x_0 \in \mathbb{C}$ をとり

$S(x_0) := \{(y(w_1, w_2; x), y_x(w_1, w_2; x)) \mid y(w_1, w_2; x)$ は

$x = x_0$ の近傍で正則な($*$)の解であり，パラメータ w_1, w_2 を含んでおりヤコビ行列式 $D(y, y_x)/D(w_1, w_2) \neq 0$}

とおく．ここで，$y_x = dy/dx$ である．また，ヤコビ行列式は

$$\frac{D(y, y_x)}{D(w_1, w_2)} = \begin{vmatrix} \frac{\partial y}{\partial w_1} & \frac{\partial y_x}{\partial w_1} \\ \frac{\partial y}{\partial w_2} & \frac{\partial y_x}{\partial w_2} \end{vmatrix}$$

を意味する．つまり，x_0 で正則な($*$)の解 $y(w_1, w_2; x)$ であって初期条件 w_1, w_2 を含むものを考える．

さて，

$\Gamma_2 := \{\Phi(w) = (\varphi_1(w_1, w_2), \varphi_2(w_1, w_2)) \mid (w_1, w_2) \longmapsto \Phi(w_1, w_2)$
  は2変数の座標変換$\}$

を考える．

より正確には，変換 $w = (w_1, w_2) \longmapsto \Phi(w)$ が $\mathbb{C}^2$ の開集合 U と V の同型を与えているものを考える．したがって

$$\Phi = \Phi_{U,V} : U \xrightarrow{\sim} V$$

と書いてもよい．故に，$\Phi_{U,V}, \Phi_{W,X} \in \Gamma_2$ で $V \subset W$ となるものを考えれば $\Phi_{U,V}$ と $\Phi_{W,X}$ を合成して

$$\Phi_{W,X} \circ \Phi_{U,V} \in \Gamma_2$$

をつくることができる．Γ_2 はリー擬群と呼ばれるものなのである．Γ_2 の2つの変換は必ずしも合成できないので，Γ_2 は群ではないが，ほとんど群のようなもの(groupoid という)である．

さて，リー擬群 Γ_2 は，ほとんど $S(x_0)$ に作用すると考えられる．つまり，$\Phi \in \Gamma_2, y := (y(w_1, w_2; x), y_x(w_1, w_2; x)) \in S(x_0)$ に対して，

$$\Phi \cdot y = (y(\Phi(w_1, w_2); x), y_x(\Phi(w_1, w_2); x))$$

と定める．

この定義には定義域についての注意が必要である．Φ が同型 $U \xrightarrow{\sim} V$ を定義し，さらに $y(w_1, w_2; x), y_x(w_1, w_2; x)$ は $V \times x_0$

を含む $\mathbb{C}^3$ の開集合の上で正則であれば確かに
$$\Phi \cdot (y(w_1, w_2;x), y_x(w_1, w_2;x)) \in S(x_0)$$
が定まる．

この事実を，擬群 Γ_2 が $S(x_0)$ に擬作用しているということにする．

さらに，この擬作用は次の意味でほとんど主等質空間である．$S(x_0)$ の2つの元
$$(y_i(w_1, w_2;x), y_{ix}(w_1, w_2;x)) \in S(x_0), \quad (i=1,2)$$
を考える．このとき，局所的には，唯一つの変換である Γ_2 の元 Φ が定まって，
$$\Phi \cdot (y_1(w_1, w_2;x), y_{1x}(w_1, w_2;x))$$
$$= (y_2(w_1, w_2;x), y_{2x}(w_1, w_2;x))$$
となる．

さて，$(\Gamma_2, S(x_0))$ をめぐる状況は，代数方程式の場合の主等質空間 (S_3, S)，あるいはピカール・ヴェッシオ理論の主等質空間 $(\mathrm{GL}_2(\mathbb{C}), S)$ と非常に似通っている．

非線型方程式 $(*)$ のガロア群を定義するために，この考えを進めよう．

代数方程式の場合，線型微分方程式の場合と同じようにやる．

まず，$S(x_0)$ の元
$$(y(w_1, w_2;x), y_x(w_1, w_2;x)) \in S(x_0)$$
を一つとる．この解の定める制約を定義するのは簡単である．

定義3 体 $\mathbb{C}(x)$ 上の形式ベキ級数環 $\mathbb{C}(x)[\![w_1, w_2]\!]$ の商体を $\mathbb{C}(x)(\!(w_1, w_2)\!)$ と書く．体 $\mathbb{C}(x)(\!(w_1, w_2)\!)$-係数の
$$\partial^{l+m+n} y(w_1, w_2;x) / \partial x^l \, \partial w_1^m \, \partial w_2^n, \ l, m, n = 0, 1, 2, \cdots$$
の有理式
$$F(x, \cdots, \partial^{l+m+n} y / \partial x^l \, \partial w_1^m \, \partial w_2^n, \cdots)$$

であって，定数となるもの，すなわち，
$$F \in \mathbb{C}$$
となるものを，解 $(y(w_1, w_2; x), y_x(w_1, w_2; x))$ の定める制約という．

この定義は自然に見えるが，そうではない．何故なら制約は解 $(y(w_1, w_2; x), y_x(w_1, w_2; x))$ に大きく依存するからである．

代数方程式の場合でも，線型微分方程式の場合でも $y \in S$ の定める制約は解 y に依存しない．例えば，代数方程式の場合を考えると，$x = (x_1, x_2, x_3)$, $y = (y_1, y_2, y_3)$ とすると，(x_1, x_2, x_3) と (y_1, y_2, y_3) は並べる順序が異なるだけであり，拡大体
$$\mathbb{C}(x_1, x_2, x_3) = \mathbb{C}(y_1, y_2, y_3)$$
であるからである．

しかしながら，
$$(y_i(w_1, w_2; x), y_{ix}(w_1, w_2; x)) \in S(x_0), (i = 1, 2)$$
をとると，
$$\Phi \in \Gamma_2$$
が存在して，
$$\Phi(y_1(w_1, w_2; x), y_{1x}(w_1, w_2; x))$$
$$= (y_2(w_1, w_2; x), y_{2x}(w_1, w_2; x))$$
となるが，一般に変数変換 $\Phi \in \Gamma_2$ は極めて超越的であるからである．

つまり，体 $\mathbb{C}(x)(\!(w_1, w_2)\!)$ の拡大体
$$\mathbb{C}(\!(w_1, w_2)\!)\left(x, \frac{\partial^{l+m+n} y_1(w_1, w_2; x)}{\partial x^l \partial w_1^m \partial w_2^n}\right)_{l,m,n=0,1,\cdots} / \mathbb{C}(x)(\!(w_1, w_2)\!)$$
と
$$\mathbb{C}(\!(w_1, w_2)\!)\left(x, \frac{\partial^{l+m+n} y_2(w_1, w_2; x)}{\partial x^l \partial w_1^m \partial w_2^n}\right)_{l,m,n=0,1,\cdots} / \mathbb{C}(x)(\!(w_1, w_2)\!)$$
は同型とはならないからである．

エルネスト・ヴェッシオ(1865 – 1952)から現代へ

ドラックの学位論文の誤りを指摘したヴェッシオは，非線型微分ガロア理論の研究のために一生を捧げた．微分方程式のガロア理論の基礎づけの3部作，合計161ページの大作によって，1902年フランス科学アカデミーの大賞を受賞するが，この受賞も実は問題を含んでいた．このことについては，次の節で説明する．

ヴェッシオ

ヴェッシオはヴェイユの自伝―ある数学者の修業時代(シュプリンガー数学クラブ)の中にも顔を出す．ヴェイユがエコール・ノルマル・シュペリウールに入学したとき，ヴェッシオが学長だったのである．

さて前節で見たように微分方程式($*$)の解 $y(\xi_1, \xi_2; x)$ をどう選ぶかが問題であった．ヴェッシオは晩年[3]の1946年の論文で，次のような条件(A)をみたす解 $y(\xi_1, \xi_2; x)$ を選ぶことを提案している．

$$y(w_1, w_2; x_0) = w_1, \quad y_x(w_1, w_2; x_0) = w_2. \tag{A}$$

その上で偏微分拡大体

$$\mathbb{L} := \mathbb{C}(w_1, w_2)\left(x, \frac{\partial^{l+m+n} y(w_1, w_2; x)}{\partial x^l \, \partial w_1{}^m \, \partial w_2{}^n}\right)_{l, m, n = 0, 1, 2 \cdots}$$

を考える．

---

[3] ヴェッシオは1865年生まれであるから，1946年は，既に81歳である．高齢にもかかわらず，影響力のある論文を残した珍しい例とも言えるが，恐らく論文は以前に書かれていたが，戦争のため出版できなかったのであろう．

この論文は第 2 次世界大戦後に出版され，あまり注目されていなかった．そればかりか，この分野，微分方程式の一般ガロア理論の構成は，難しいため研究されなくなり忘れられてしまった．1946 年ヴェッシオのこの論文は私が 1996 年に提出した一般微分ガロア理論の出発点となったのである．一方，マルグランジュは私の指摘によって，この論文に注目し，彼のやり方でそれを理解することによって，彼の一般微分ガロア理論を 2001 年に提案した．現在この 2 つが一般微分ガロア理論として認められている．梅村の理論は代数的であるのに対して，マルグランジュ理論は主として複素数体 $\mathbb{C}$ 上の理論であり，エリー・カルタンの幾何学と関係している．2 つの理論は基本的に同値である．

スキャンダル 2　数学者は蛮族か？

中村紘子の「ピアニストという蛮族がいる」というエッセイ集がある．世間から，お上品な人達と思われているピアニストも，実は蛮族であるという意外な事実を指摘して注意をひこうとしたのであろう．誰も数学者が品行方正だとは思っていないので，「数学者は蛮族である」と言っても全然おもしろくない．しかし，学位論文を巡る信じ難い不祥事や，ガロアの特異な生涯を見ると，一体数学者とはどんな人達なのかという疑問がわくであろう．「数学者は少しは頭がいいかも知れないが，常識に欠けるのでどうしようもない人たちだ」と大学の中では思われているらしい．本当にそうかも知れない．

どの世界でもそうだが，数学者にも，出世を目標にする人がいる．しかし，こういう人は，割合としては少ない．

スチュアート [S] では，ニュートンを次のように描写している．

> 晩年に，ニュートンは 20 代の半ばを振り返り，生涯で最も創造的な時代だったと回想している．しかし，彼は論文を発表

しなかった．それは，他人からの反論への病的な恐怖が一生つきまとっていたからだった．ある小説の中でニュートンは次のように描かれている．

　彼は内気で，自分の才能について自信がなかったので，自分の発見したことが，印刷されるのを極度に嫌った．一方，誰かが，彼の結果を先に発表したという噂を少しでも耳にしようものなら，怒りと嫉妬で，気が狂うばかりになるほど名誉心が強い．・・・

ニュートンが劣等感を持っていても不思議はない．不安，劣等感が科学者の研究の原動力となることはよくあるからである．

しかし，ニュートンが論文を書かなかったのは，自信がなかったからではないと思われる．彼は恐らく自分が正しいことを確信していたのであろう．しかし，理論が完全でないことが気になっていたのであろう．そして，発表すれば，その欠陥を攻撃されるのが嫌だったのである．実際，44歳のとき，古典力学の基礎を築いた「プリンキピア」を発表すると，賞賛の声とともに無限小をめぐっての大論争が起ったのである．

自分の発見を，他の人が発見したときのニュートンの怒りが異常と思われる程であったのは分かるが，それが嫉妬に基づくものだったかどうかは不明である．また，名誉心が強かったのかどうかも疑問である．ただ，自分が発見者である事実，誰よりも先に真理を見つけた事実だけは譲れなかったのである．このような行動は異常ではなく，科学者に限ったことでもない．

登山においても，この種の問題は微妙で，1953年イギリスの登山隊が，世界最高峰のチョモランマを制した．この時，ニュージーランド人登山家ヒラリーとチベット人シェルパ，テンジンは，2人同時に頂上に立ったとされている．

ともあれ，上のニュートンの描写は巧みに数学者の内面を描いている．誇りと劣等感の間を，数学者の心は激しく揺れ動く．自分の成果が批判されると，信じられない程自尊心が傷つけられる．また自分の論文は正当に引用され，評価されているか，とても神経質になる．特に，「ロシア人と日本人は，アメリカ，西ヨーロッパにおける評価で損をしている」と思っている日本人は多い．こんなところから，ロシア人数学者に対する何とも表現しがたい共感が日本人数学者の中に芽生えたりする．

自分が第一発見者であることを執拗に擁護する，この一見特異な態度はニュートンに限ったものではない．ガウスも，グロタンディエクもそうだった．数学者は，イギリス登山隊のような冷静で，紳士的な判断は得意ではない．

スキャンダル3　数学における乱闘

昔プロ野球珍プレー・好プレーというテレビ番組があって，その中でプレーとは全く関係ない乱闘シーンは一番人気があった．

ドラックの学位論文も乱闘シーンのようなものだが，もう一つ別の乱闘を紹介する．

パンルヴェ方程式とよばれる6個の代数微分方程式が1900年頃発見された．

第1パンルヴェ方程式は

(1) $y'' = 6y^2 + x,$

第2パンルヴェ方程式は

(2) $y'' = 2y^3 + xy + \alpha$

である．ここで，$\alpha \in \mathbb{C}$ はパラメーターである．

第3，第4と方程式は順次複雑になるが，上手な記述をすれば簡

単に記憶することもできる．

パンルヴェ方程式は，東京大学，神戸大学で盛んに研究され，日本のお家芸ともいう分野となった．

そもそもこれらの方程式の発見の動機となったのは，19世紀半ばの次の観察である．まず関数は微分方程式によって記述されると考える．それまで研究された大切な微分方程式は次の2つに代表されることに注意する．

(I) 超幾何微分方程式
$$x(1-x)y'' + \{c - (a+b+1)x\}y' - aby = 0.$$
ここで，a, b, c は複素数のパラメーターである．これは，未知関数 $y = y(x)$ に関する2階線型微分方程式である．

(II) 楕円関数論に出現するワイエルシュトラスの $\wp$-関数．
この関数は非線型微分方程式 $\wp'^2 = 4\wp^3 - g_2\wp - g_3$ をみたす．ここで，$g_2, g_3 \in \mathbb{C}$ はパラメーターである．

これらの微分方程式 (I), (II) を一般化する新しい関数を発見することによって，数学の新しい局面が開けてくるのではないかと，19世紀当時の数学者は考えた．

そこで，まず手始めに次の型の非線型微分方程式
$$y'' = F(x, y, y') \qquad (*)$$
を考察する．ここで $F(x, y, y')$ は x, y, y' の多項式である．この際に，微分方程式 $(*)$ は動く特異点を持たないと仮定する．この条件をここでは説明しないが，要するに良い条件をみたす微分方程式 $(*)$ を研究することにより，(I) 超幾何関数，(II) ワイエルシュトラスの $\wp$-関数を超える新しい関数を見つけようという試みである．これは非常に難しい問題である．その理由はこの問題自体に本質的に依っている．

目的は動く特異点をもたない微分方程式で定義される新しい関数を発見することであった．しかし，微分方程式(∗)が動く特異点を持つかどうかは，解を表示しないと分からないからである．そもそも解がこれまでに知られた関数で表示できないので，そうだとしたら条件を確かめることは不可能であって，これは矛盾である．パンルヴェは α 法とよばれる方法を考案して，この難問を解いたのである．パンルヴェは条件をみたす微分方程式を見つけては，それが，これまでに知られた関数で解ければ捨て去り，この作業を続けることにより，パンルヴェ方程式とよばれる 6 つの微分方程式に到達したのである．つまり，この 6 つのパンルヴェ方程式以外は，既知の

パンルヴェ

関数に還元された．しかし，この 6 つのパンルヴェ方程式についてはパルンヴェはそれまでに知られた関数に還元することに成功しなかった．つまり，6 つのパンルヴェ方程式は，それまでの関数とは異なる新しい関数を定めていることが期待された．

この性質をパンルヴェ方程式の還元不能性という．すなわち，パンルヴェ方程式は従来知られた関数に還元されないというのである．

この問題を巡って，1903 年に R. リューヴィルとパンルヴェの間に論争がおこった[4]．パンルヴェが還元不能性を証明できると主張し，R. リューヴィルが異を唱えたのである．論争はフランスアカデ

---

[4] 超越数の発見，力学系の可積分性の研究でよく知られているジョセフ・リューヴィル（1809–1882）の息子である．第 iv 章, 5.9 参照.

ミーの雑誌上で行われたので，証明がなく，論争は実りあるものではなかった．

彼らのやり取りは，以下に見るように数学の雑誌上の議論として極めて異例のものである．

まずリューヴィルの次の指摘から論争が始まる．

リューヴィル：パンルヴェ氏が還元不能だと主張する微分方程式は線型微分方程式に還元できる．

これにパンルヴェは応じる．

パンルヴェ：私は，リューヴィル氏の還元可能であるという主張が誤りであることを簡単に証明する．

リューヴィルは次のように答えるが，2 人とも冷静さを失っている．

リューヴィル：パンルヴェ氏は，よく考えもしないで，私の主張と異なる命題を誤りであると言って，私を非難している．

パンルヴェ：リューヴィル氏の主張は自明であるか，そうでなければ完全に間違っている．

このようなやり取りの後，パンルヴェは次のように主張して論争を打ち切った．

パンルヴェ：リューヴィル氏の言うように，私の意見に賛成する人は少ないかもしれない．しかし，ドラックの理論が解り易く簡単なものとなり，数学者の間に普及すれば，すべての人が私に賛成するであろう．

パンルヴェの意見は次のように要約される．

(1) 還元不能性のような種類の問題は，ドラックのガロア理論が完成すれば，自明となる．

(2) 現在は不完全であるドラックの一般微分ガロア理論は，間もなく万人の認めるものとなるであろう．

そこで，1904 年パンルヴェは，ドラックの微分ガロア理論の基礎づけを目標とするヴェッシオの仕事にアカデミー大賞を与えたのである．

しかし，歴史はそれ程簡単には進まなかった．パンルヴェ方程式の還元不能性は，それから約 80 年後，日本人(西岡啓二，岡本和夫，野海正俊，村田嘉弘，大山陽介，梅村浩，渡辺文彦 他)によって証明された．その証明方法はパンルヴェが期待したものではなかった．1980 年代になっても，ドラックの一般微分ガロア理論は受け入れられていなかった．

また最近マルグランジュの一般微分ガロア理論を使う証明もやっと出現した．パンルヴェの考えた微分ガロア理論を使う証明はこれで実現した．

学士院の会合

パンルヴェとリューヴィルの論争が行われたのは，ガロアの論文を掲載しなかった学士院の雑誌である．この種の雑誌は各国のアカデミーが発行している．日本のものは学士院紀要として知られている．発表される論文はせいぜい数ページであり，結果の概略が報告される．また発表は学士院会員が，学士院の会合で結果を報告したことの記録の形をとっている．マルグランジュによれば，フランスの学士院会員は大変尊敬されており，かつては敬称アカデミシアンを付けて呼ばれていた．その会合では，アカデミシアン　マルグラ

ンジュ，アカデミシアン セールとお互いに呼び合っていたそうである．しかし，最近はこの形式も時代にそぐわないらしくて，代わりに，名前＝ファーストネームで呼び合うようになっているという．発言するときに，セール，マルグランジュ，コンツェビッチがジャン・ピエール，ベルナール，マキシム，…とお互いに呼び合っているのも，何かくつろぎすぎて妙なものだということである．

この種の習慣は急速に変わるのかもしれない．フランス語の男性に対する敬称ムッシューは，もとはと言えば殿様を意味していたように，またこれが封建的であるというのでフランス革命の時代には，市民＝シトワイアンを敬称に用いていた．シトワイアン ロベスピエール，シトワイアン ミラボーという風にである．

目に見えないパンルヴェ星

ギリシア人が夜空に輝く星と神話を結びつけたように，関数を星にたとえよう．様々な種類の星があるが，光学望遠鏡を使って地球から観測できる星と，観測できない星がある．

言ってみれば，還元不能性は観測不能性にたとえることができる．ある星 S が観測不能であることを示すには，観測できない星を研究する必要は必ずしもない．観測できる星全体がよく分かってしまえば，その中に S がないことが判明するからである．このようにして，パンルヴェ方程式の還元不能性が示された．

一方，非線型微分方程式のガロア理論は，ガロア群を計算することによって，あるいは強力な新しい観測装置を開発することによって，これまで観測できなかった星 S までの距離を測定するのを可能にする．最近の研究によれば，2つのパンルヴェ星 S_1, S_2 を考えると，S_1 も S_2 も地球からはるか彼方にあるばかりでなく，S_1 と S_2 も同様に離れていることが解ってきた．

アレクサンドル・グロタンディエク

1948年，南仏のモンペリエから，自ら創造した積分論を携えてグロタンディエクはパリに出て来た．パリの数学界は，この特異で規格外の若者を受け入れた．

ヴェイユはグロタンディエクに，ロレーヌのガラス工芸で知られる町ナンシーにいるローラン・シュヴァルツのところで勉強することを勧めた．またそこにはヴェイユの友人でブルバキの主要メンバーであるデルサルトとデュードネ[5]が教授として活動していた．実はシュヴァルツもこの2人に誘われてナンシーに赴任したのであった．

さらに，この教授達に，ゴッドマン，少し時間をおいてセールも加わった．教授陣の外にブリュア，リオン，ベルジェ，マルグランジュらの元気な若い数学者も集まってナンシー大学の黄金時代が出現していた．

グロタンディエクはシュヴァルツのもとで，博士論文を用意し始めた．同時にまた，デュードネ，ゴッドマンの研究室にも出入りしていた．教授ゴッドマンの助手を勤めていたマルグランジュは，その時期

マルグランジュ

---

[5] グロタンディエクより20歳以上年上のデュードネであるが，後に，彼の学生とも言えるグロタンディエクの才能を認めると，自分はグロタンディエクの秘書となり，EGA を執筆する．蒸気機関車と呼ばれたデュードネは，自分の著作，ブルバキ，EGA と膨大な作品を残した．デュードネは毎日4ページは原稿を書いたという．そうであれば1年間で1000ページを超える原稿を生産することになる．

に，自分の専門とは言い難い類体論の講義をした．その聴衆の中にグロタンディエクがいた．マルグランジュは言う．

　　私はグロタンディエクに類体論を教えたことを誇りに思う．

しばらくするとこれらの人々はすべてパリに帰った．グロタンディエクはナンシー大学で博士号を取得した後，ブラジル，カンザス，シカゴと渡り歩いて，1950年代の半ばにパリに戻ってきた．グロタンディエクが各地を放浪しなければならなかったのは職が見つからなかったからである．当時フランスの大学で職を得るためには，フランス国籍であることが要求された．グロタンディエクはフランス人でないとしてもフランスで育っているので，申請すれば容易にフランス国籍が得られたであろう．実際後に彼はフランス国籍となった．障害となったのはそのためには徴兵に応じなければならなかったことである．平和主義者の彼にとってこれは実行できないことだった．また彼は物理学を異常に恐れていた．

　　物理学と聞くと，彼は即座にヒロシマ・ナガサキを思い出した．
　　　　　　　　　　　　　　　　　　　　　　　　　　　カルチエ

彼はパリに着くと，研究テーマを関数解析から代数幾何学へと変えた．ルネサンス以来の代数方程式の研究，リーマンの代数関数論，デデキントの代数的数論とイデアル論，ザリスキ，ヴェイユの代数幾何学，永田の可換環論等これらすべてをスキーム理論として統合

マリーの森，IHES

しようとしていた．

そのためのセミナーを 1960 年，IHES で組織した．マリーの森の代数幾何学セミナー SGA である．

カルチエはグロタンディエクの主催するマリーの森の代数幾何学セミナー SGA を次のように回想している．

> グロタンディエクは黒板に
> $$f: X \to S$$
> と書いた．
>
> すぐに質問が出た．
> 「スキームの射 $f: X \to S$ に何か仮定があるのですか？」
> 「何も仮定しません（Aucune hypothèse）」とグロタンディエクは答えた．皆，彼が余りにも一般性を指向するのに凍りついていた．

またカルチエは SGAD＝SGA III (1962–64)，群概型の理論のセミナーにおける議論を回想している．

> 彼が余りに一般的な記述を目標とするので，付き合うのが大変だった．幸い，ガブリエルとドゥマジュールが最後までグロタンディエクに協力し，後に単行本として群概型論を出版した．
>
> 私がストラスブールへ赴任したのには，グロタンディエクから離れたいという気持ちもあった．

ドゥマジュール

さらに，私の友人で，グロタンディエクのもとで，博士論文を書いたジュアノルは言っている．

グロタンディエクは完全で一般的な型で理論を定式化するために，論文の書き直しを何度も求めた．ある日，もうこれ以上改良の余地がないと思って最終版となるべき論文を持って，グロタンディエクに会いに行った．

グロタンディエクは言った．

「そもそも，スキーム上エタル位相で論文が設定されているのが不十分である．すべてを圏に位相を付けたトポの上で書き直すべきである」

ジュアノル

これは受け入れられる要求ではなかった．つまり，その労力を考えると実現不可能な要求だった．こうして私の学位論文は出版されなくなったのです．

グロタンディエクのガロア理論に関する仕事は，次の2つである．

1. ガロア圏の理論，SGA I，1960/61年
2. 淡中圏論，南米チリ出身の数学者サーヴェドラの学位論文，1972年．

1，2の背景にある着想は類似していると言える．基本的には，1では，有限

IHESにおけるグロタンディエク

群 G を，2 では，線型代数群 G を問題とする．

2 の場合を例にとって説明しよう．G を線型代数群，つまり群 G は一般線型群 $\mathrm{GL}_n(\mathbb{C})$ の，ザリスキ位相についての閉部分群であるとする．イメージとしては

$$G = \mathrm{GL}_n(\mathbb{C}), \quad G = \mathrm{SL}_n(\mathbb{C}) = \{A \in \mathrm{GL}_n(\mathbb{C})|\det A = 1\}$$

を思い浮かべるとよい．

代数群 G の表現全体，つまり G – 加群全体 $\mathrm{Rep}(G)$ を考える．

次の 2 つの疑問から，理論が始まる．

問 1 G – 加群全体 $\mathrm{Rep}(G)$ から，G を知ることができるか？ つまり G が復元できるか？

問 2 上の問いが正しければ，G – 加群全体 $\mathrm{Rep}(G)$ はどのように特徴づけられるか？

まず，問 1 が正しいことを示す．次に問 2 に答える．即ち，G – 加群全体 $\mathrm{Rep}(G)$ と同じ特徴をもつもの (圏) S があれば，言い換えれば，S は G – 加群全体 $\mathrm{Rep}(G)$ と見分けがつかなければ，S に群 G というラベルを付けることができる．あるいは，S のガロア群は G であるということになる．

次のように例えたらどうであろう．

日本語 J に含まれる単語全体 $W(J)$ を考える．同様に英語についても，その単語全体 $W(E)$ を考えることができる．

次の 2 つの主張を認めよう．

1. 言語 I について $W(I)$ の構造から，言語 I が決定できる．復元できると言ってもよい．

2. $W(I)$ の構造を特徴づけることができる．

特徴づけるには，観測するための装置が必要であって，その装置をファイバー関手という．

さて次は一気に飛躍して，星 S に対して，その発する電波全体 Wave(S) を考える．ある星 S_1 を観測すると Wave(S_1) が日本語の単語全体 $W(J)$ と同じ特徴を持っているとしよう．つまり，この電波測定する観測方法を用いる限り S と J は区別がつかないとしよう．また別の星 S_2 について，Wave(S_2) が $W(E)$ とそっくり同じ特徴を持っているとしよう．そうならば，星 S_1 に日本語というラベルを貼り，星 S_2 に英語というラベルを貼ることができるというのである．

グロタンディークは，どのようにして淡中圏の発想に到ったのかを説明する．

数学において，歴史を見れば解るように，方程式が重要な役割りを果たす．

x を未知数とする代数方程式
$$x^2 + x + 1 = 0 \qquad (*)$$
を考えよう．高等学校で学ぶように，
$$x = \frac{-1 \pm \sqrt{-3}}{2}$$
と 2 つの解を求めることができる．

その他に，微分方程式を考えることもできる．その一例として，
$$y'' = xy \qquad (**)$$
を挙げることができる．

代数方程式 ($*$) では，解が 2 個であるが，線型微分方程式 ($**$) の解全体は 2 次元ベクトル空間をなす．代数学においても，解の定まらない方程式，不定方程式とよばれる，を考えることができる．古くから知られた例としては，下に説明するペル方程式 (†) がある．

n を平方数でない正の整数とする．

方程式
$$x^2 - ny^2 = 1 \quad (\dagger)$$
の整数解 (x, y) をすべて求めよ．

このように，多項式 $= 0$ の整数解を求める問題を**ディオファントス方程式**の問題という．

ペル方程式には解が無限個あって，次のように記述できる．

$n = 2$ と仮定して説明する．

$(x, y) = (17, 12)$ は
$$x^2 - 2y^2 = 1 \quad (\dagger\dagger)$$
の解である．
この特別な解 $(x, y) = (17, 12)$ から他の解をすべてつくることができる．

正の整数 k に対して，
$$(17 + 12\sqrt{2})^k = x_k + y_k\sqrt{2}$$
とおけば，$(x, y) = (x_k, y_k)$ はペル方程式（††）の解である．また，$x = 1, y = 0$ を除いてすべての解はこのようにして得られる．

歴史上の難問といわれ，約 350 年の攻撃の末に陥落したフェルマの最終定理もディオファントスの問題である．

> **フェルマの最終定理** n を 3 以上の自然数とすると，方程式
> $$x^n + y^n = z^n$$
> をみたす，0 と異なる 3 つの整数 (x, y, z) は存在しない．

この例から分かるように，ディオファントスの問題は数学者を魅了し続けてきた．

ペル方程式(†)の整数解のみを問題としたが, (x, y) が整数であるという条件を外せば, 方程式(†)は平面上の双曲線を表わす.

ペル方程式では1個の方程式を考えたが, 未知数の数を増やして, 連立方程式とすることもできる. 連立方程式

$$\begin{cases} f_1(x_1, x_2, \cdots, x_m) = 0, \\ f_2(x_1, x_2, \cdots, x_m) = 0, \\ \cdots\cdots\cdots\cdots\cdots \\ f_n(x_1, x_2, \cdots, x_m) = 0 \end{cases} \quad (\#)$$

の整数解 $(x_1, x_2, \cdots, x_m)$ を問題とするのである. ここで, $f_i(x_1, x_2, \cdots, x_m), i = 1, 2, \cdots, n$ は整数係数の多項式であるとする.

一方で連立方程式(#)は, (†)が双曲線を表わしていたように, 整数解にこだわらなければ図形, 代数多様体とよばれる, を表わしている.

ガウス以来, ここに我々は予期していなかった世界の調和を発見する.

連立方程式のディオファントス問題, これは算術的な問題, つまり加減乗除と等式の問題である. この算術的な問題が連立方程式の定める代数多様体の幾何学と本質的に関わっている.

その一例が, 1949年に提出された, 合同ゼータ関数についてのヴェイユ予想である. グロタンディエクの目標の一つはヴェイユ予想を解決することであった.

それはまた次の問題に還元された.

代数多様体のよいコホモロジー理論を創ること.

セールの遺産を受け継いで、グロタンディエクはこの目標に向けて邁進した．その結果彼の達した境地は次のようなものであったのであろう．

代数幾何学は代数多様体＝スキームを研究する．ただしスキームには直接手を触れることは出来なくて、我々はコホモロジーという観測装置＝ファイバー関手を通して代数多様体を見ている．
これがモチーフ理論であり、そのために淡中圏論を創ったのであろう．

ガロア理論の一種である淡中圏論はグロタンディエクの壮大な夢想を支える土台の一つなのである．それは現代数学の重要な研究テーマとなっている．

ヴェイユ予想は 1974 年ドゥリンニュによって完全に解決された．

非線型微分方程式のガロア理論とグロタンディエク

これまで説明したように、グロタンディエクはガロア理論について二つの業績を残した．有限群が関わる場合と、線型微分方程式の場合である．そこで誰でも思うのは
「グロタンディエクは非線型微分方程式のガロア理論に関心はなかったのか？」
「グロタンディエクは、リー，E.カルタン，ドラック，ヴェッシオの仕事を知っていたのか？」
という疑問である．

おそらく、この 2 つの質問の答は否定的であろう．

> もし彼に関心があったなら、この分野でもあっという間に結果を出していたであろう．
> 　　　　　　　　　　　　　　　　　　　　　カルチエ

彼の微分方程式への関心は、ガウス・マニン接続、リーマン・

ヒルベルト対応など線型微分方程式に限られていたようである．EGA も非線型微分方程式のガロア理論に必要不可欠なジェット空間の導入の直前で終っている．

> かつてグロタンディエクはブルバキの一冊にジェット空間の一般論を加えることを提案した．しかし，その余裕がないという理由で，この提案は取り上げられなかった．
>
> カルチエ

天才は何も創造しない

フランスの喜劇作家モリエール (1622 – 1673) は鋭い人間観察に基づいた多くの傑作を残した．ところが，モリエールの作品の多くは，彼の考えだしたものではなく，当時流布していた他の人の作品を下敷にしている．

> 真の天才は何も創造しなかった． アラン

この言葉はモリエールを批判しているのではなく，賞賛しているのである．

グロタンディエクは構想力の豊かな数学者であり，彼の導入した概念は数え切れない．しかし，彼もまた先人の業績に多くを依存している．彼自身，自分の仕事は数学の大掃除だと語っている．

ヴェイユ，ザリスキの代数幾何学が，彼にとって非常に分かりにくかったので，もっと単純で明確な原理の上に代数幾何学を打ち立てようとしたのが，EGA であり，難解なことで知られる永田の可換環論を理解しようとすることから EGA の IV 巻の一部ができたのであろう．グロタンディエクの前には，フランスを代表する秀才セールがいた．1950 年代，2 人は毎日，電話で 3 時間議論したとい

う．議論というよりも，こうしてセールの持っていたものすべてがグロタンディエクに流れ込んだという方が正しいかもしれない．

グロタンディエクは，本来，無宗教であり，宗教を理性に置き換えようとしていた．このような試みは，特に新しいものではなく，魅力的な挑戦であるが，困難な問題である．

1970 年代に，数学を離れたグロタンディエクは一種の精神的な危機にあった．その時，日本から来た日蓮宗の僧侶と出会う．このグループには特異な人間性があったのであろう，グロタンディエクは無宗教を捨てて，日蓮宗に接近する．

グロタンディエクが日蓮宗に帰依するかに見えた時期もあったが，そうはならなかった．一番の理由は，彼にはその宗教がよく理解できなかったことによるらしい．

こうなれば話は簡単であって，ヴェイユ，ザリスキの代数幾何学，永田の可換環論から 1500 ページに及ぶ EGA を書いたのと同じではないか．

彼は自分の宗教的バックグラウンドであると信じるユダヤ教から，日蓮宗を理解して，独自の宗教を創り，現在それに従っているという．カルチエは

「グロタンディエクは何でも自分で創る」

というが，グロタンディエクと言えども，ゼロから出発するのは難しいらしく，真珠をつくるのに核が必要なように，彼がインスピレーションを得るためには日蓮宗が必要だったのであろうか．

スキャンダル 4　妄想と正気のはざま

忘却されていたドラックとヴェッシオの一般微分ガロア理論の仕

事を，現代に復活させるのに，一番貢献した数学者はジャン・フランソア・ポマレである．

　1945 年にパリで生まれているので，私と同世代に属する．エコール・ポリテクニークでリシュネロヴィッチの指導を受けたこの数学者は早くから，ドラックとヴェッシオの非線型微分方程式のガロア理論についての仕事に注目していた．とりわけ，彼が 1983 年にゴーダン・ブリーチ社から出版した「微分ガロア理論」は 600 ページにわたる意欲作である．この作品の宣伝も兼ねて，1983 年に来日した．名古屋大学でも講演があり，私も聴講した．彼は我々に強い印象を与えたが，講演の内容は私にはよく理解できなかった．講演が理解できないことは，私にとっては日常茶飯事であり，どうということはなかった．しかし，微分方程式の一般的なガロア理論を創る試みが 19 世紀からあることを初めて知った．その中には何か胸をときめかせるものがあるような気がした．ポマレの講演の印象が忘れられなかったのは，そしてまた，理解しにくかったのは次の理由による．

　講演を通じて，彼が主張し続けたのは，「ドラック，ヴェッシオはすべて間違っている．今，私は正しい理論を発見した」

　一言で言えば，

　「他の数学者はすべて間違っている．正しいのは私だけである」と繰り返し主張したのである．

　このような考え方は，当然のことながら彼をとても不幸にしていた．彼の見解を受け入れる人はいなかったし，認められない現実が彼を一層戦闘的にした．完全な不幸の悪循環である．

　名古屋でポマレの講演を聞いた年の秋から，フランスのストラスブールで一年を過ごした．そこで，耳にするポマレの批評は芳しいものではなかった．

　日本人数学者に友人の多いジェラールは言った．

「ポマレの仕事については，マルグランジュが懐疑的なのだ」

　当時，私が一般微分ガロア理論を研究しようとは夢にも思わなかったが，彼が私の心の中に種子を蒔いたのであろう．知らないうちに種子の殻を破って芽が出たのである．その分野に関心を持つようになっていったのである．

　その後，ヴェッシオのアカデミーの大賞を受賞した3部作の論文をコピーして常に持ち歩いていた時期を経て，ヴェッシオの1946年の論文に行き着き，それに現代代数幾何学を結び付けて理解しようとした．私も野心作とよぶべき論文，2篇合わせて135ページを出版したが，反応は芳しくなかった．異を唱える人はいなかったが，国内で関心を示す人もいなかったのである．

　当時は若かったこともあって，あまりに数学界において，国内で孤立して，無視されてしまうのは好ましくないと考えて，一般微分ガロア理論の研究は中止して，パンルヴェ方程式の還元不能性を研究した．

　一方，確か1995年にアルザスのヴォージュの山の中で，葉層構造の大家であった幾何学者ジョルジュ・レープ追悼の研究総会があった．そこにジェラールが誘って下さったので，参加した．当時日本では評判のよくなかった一般微分ガロア理論について講演したところ，あまりにも反響が大きかったので驚いた．聴衆の中には，アカデミー会員リシュネロヴィッチもいた．

　また1999年にS.リーの死後100年を記念する研究集会が京都であった．ここでの私の講演にマルグランジュが強い関心を示して下さった．これが彼が一般微分ガロア理論を研究するきっかけとなったのである．

　そのような訳で，以来ヨーロッパ，主としてフランスでは私の仕事に興味を持つ人が増えてきている．この時，私は好機到来と判断し，すべての他の仕事を放棄して，一般微分ガロア理論の研究に全

力を投じることにした．

ポマレのことはその後も時々聞いていた．ある時期，マルグランジュとポマレは微分ガロア理論の研究のため，手紙のやりとりをしていたが，ポマレは，ある時

　「…貴殿は私の着想を盗んだ」

とマルグランジュに書いてきたという．

2010年秋，久しぶりにパリ郊外にある高等科学研究所（IHES）で，4ヶ月を過ごすことになっていた．実は1971年から72年にかけての最初の滞在後から約40年間IHESには来ていなかった．パリ大学を含めてフランスの他の大学にはよく行っているのに，その理由は，はっきりしていて敷居が高かったのである．一言で言えば，IHESは天国であると同時に牢獄であるのである．

確かに，そこでは世界の第1級の才能と出会える．また日本国内と違って，雰囲気はゆったりしており，一刻を争うような競争はない．

グロタンディエクの最後の弟子の一人であったイリュジーはIHESでの代数幾何学セミナー，SGAを回想する．

> 昼食のテーブルで，グロタンディエクは様々なテーマについて話した．特にモチーフ理論については多く語った．それらの話題の多くは後にセミナーでとり上げられることはなかった．時折，食事の後，グロタンディエクは私達を森の散歩へと誘った．それはとても気持ちのよい体験であった．
> 　　　　　　　　イリュジー

イリュジー

しかし，逆に独創性，個性について厳しく問われることになる．

> 声学の国際コンクールで結果を残すには，声が 25％，個性が 50％，容姿が 25％です． 　　　　　　バーバラ・ボニー

あるとき，秀才の誉れ高い，日本の才能あふれる若い数学者からの出版されたばかりの論文が，グロタンディエクに届いた．封筒をあけて，論文を一瞥すると，「何のアイディアもない」というつぶやきと共に論文はゴミ箱に直行したのである．

グロタンディエクが 20 世紀最大の数学者の一人であると考えてもよいであろう．IHES は，当時フランス国籍を持っていなかったグロタンディエクに職を与えるために，創られた．その頃は，フランスの大学に就職するためには，フランス国籍が必要だったのである．グロタンディエクはフランス国籍でないばかりか，複雑な生い立ちから無国籍であった．

IHES は，最初パリの中に，エトワル広場＝シャルル・ドゴール広場の近くにあったが，間もなくパリの郊外にあるビュール・シュル・イヴェットに移った．そこで，マリーの森とよばれる広大な敷地を所有している．ここを取得した経緯には次のような伝説がある．もともと，この森は資産家の所有するものであった．第 2 次世界大戦中は近くにナチスの陣地があった．資産家は占領下にあって，ナチスに協力していたのである．戦争末期には連合国軍によってドイツの陣地であったこの辺りは爆撃された．

戦争が終わると，追及を免れるためにマリー森と邸宅の持ち主はアルゼンチンに身を隠した．フランスに帰国することも出来ず困っているところを，IHES 初代所長モチャンが，巧妙に立ち回って安く買ったと伝説は言うのである．

私が到着した 1971 年には，グロタンディエクは既に IHES を去っていた．平和主義だった彼は研究所が北大西洋条約機構 NATO

（ナトー）から金を貰っているのが許せなかったのである．彼の主催する代数幾何セミナーは場所をカルチエ・ラタンのコレージュ・ドゥ・フランスに移していた．

4ヶ月のパリ滞在となれば，いずれポマレと対峙することは避けられないだろうと思っていた．その機会は割りと早くやってきた．彼からのメールから始まって，電話で会う日を決めた．

彼の方からIHESに来ることになった．11月のある日の午後を私は彼のために空けておいた．本来ならば，私はその日，彼を昼食に招待すべきであった．しかし，これまでの彼の言動を考えると慎重にならざるを得なかった．

約束の日，IHESの食堂での昼食をすませると，他の研究者との談笑もせずに，一人研究室に戻って彼の到着を待った．約束の時間の午後2時になると，廊下で大きな声がしたと思ったら，ドアがノックされ，私がドアを開けると，マルグランジュとポマレが激しく論争していた．こういう場面になるとマルグランジュは結構闘争的である．

論争が終わるとマルグランジュは自分の研究室に帰って行った．マルグランジュは私の滞在に合わせて，微分方程式のガロア理論について議論するためにグルノーブルから1ヶ月間，IHESに出て来て下さったのである．

私はポマレと向かい合った．着席すると，椅子の座り心地が悪いので，替えてほしいと彼は言った．別の椅子があったので，それを勧めた．

数学者は通常，議論に黒板を使う．最近はホワイトボードも多くなったが，埃が立つが黒板は書き易いし，見易い．彼は記録を残すために紙の上で議論することを提案した．そして，その終りにお互いにサインしようというのである．変わった提案であったが，それ

を拒否する理由もないので，私は笑顔で受け入れた．結局は，話に夢中になり，これは実行されなかった．

彼は切り出した．

「はっきり言って(Excusez-moi d'être direct)貴殿は10年間を無駄にされました」

彼は私の1996年の論文を手にしていた．それには，コピーした日付と，赤インキでおびただしい書き込みがあった．

彼は続けた．

「私に早く会いに来て，正しい道を知ればこのような無駄は避けられたのです」

私はどう答えたらよいのか分からなかった．ただ彼に会う前に決心をしていた．決して腹を立てないことと，動揺しないことである．

この日の午後，彼は話し続けた．私は聞き役に徹した．年齢とともに，私は自分のアイデンティティは日本人であることにあると強く意識するようになった．日本人である私は，自我の構造がフランス人と明らかに違う．

時折心配そうにマルグランジュが我々2人の様子を見に来てくれた．時として数学について，議論が燃え上がることがあった．微分方程式のガロア群の定義が問題となったときである．

ポマレは主張した．

「すべての n 階線型常微分方程式のガロア群は私の定義によれば，一般線型群 $GL_n(\mathbb{C})$ である」

この時，マルグランジュは私の方を見て，目くばせをした．この日の議論を象徴するかのような場面であった．

彼のこの主張は以前に，フランス人友人から聞いたことがあった．私は何か気の毒なような気がして，ただ

「それは定義にもよるでしょうけれど，それでは困りませんか？」

とだけ言った．「そういうことはない」と言うのが彼の返事であった．

　フランスの秋の日は短い．外が暗くなると，私は失礼すると言って，マルグランジュは帰って行った．

　長い話も終った．

　この日，ポマレはあのドラックの写真を見せて下さった．ドラックの写真については，フランスでもよく話題になるが誰も見た人はいなかった．一度見たいと思っていたが，実現しなかった．ポマレの差し出したその男の風貌は，一度見たら忘れることのできないものであった．何故だか分からないが，非常に重い人生を抱えているような苦しみの表情をしていた．

　十字架から降ろされた我が子キリストを抱く，母親マリアの限りない優しさ，あるいは衆生を救済する慈悲に満ちた観音菩薩の顔とは全く対極にある男の顔である．

　印象のあまりの強さから我に返り，ポマレにその事を告げると，彼も同意した．

　永い午後が終わって，ポマレと2人で研究所の庭に出た．研究所はマリーの森とも呼ばれる庭園の中にある．庭には灯がともり芝生を照らしていた．駐車場へと彼を送って行くと，彼が言った．

　「これをきっかけにして，共同研究をしませんか？」

　多分，彼は私の中に，攻撃一辺倒で迫ってくるフランス人とは異なるものを見出したのであろう．私はその申し出を丁重に断った．

　この時期に，もう一人IHESに滞在した微分ガロア理論の専門家がいた．イギリスの数学者アナンド・ピレーである．その名前から分かるように，彼はインド系であり，またそのことを意識している．

　折角3人が集まったので，ベルトランがパリ大学で研究集会を開いてくださった．講演者はピレー，マルグランジュと私であった．

3人は各々自分の立場から、微分方程式のガロア理論について講演することになっていた．

ポマレも当然、聴衆として会場に来ていた．最初のピレーの講演が終わると、ポマレが質問に立ったが、焦点の定まらない質問であった．座長であったベルトランが上手に質問を打ち切って昼休みを宣言した．ポマレとマルグランジュとは相変わらず厳しくやり合っていた．

ピレー

その日の最後の講演を私が終わると、ポマレが私のところに来た．

「貴殿の言う普遍テーラー写像は必要はない」

「分かりました．御指摘に私は驚きません．普遍テーラー写像が必要不可欠だと私は言っておりませんので、ただ私はこの方法を使います」と答えた．

その後もやりとりがあって、彼は最後に言った．

「La balle est dans votre camp．ボールは貴殿のコートにある」

つまり「俺の質問に答えろ！」というのである．これが彼との最後の会話である．

文化と病気

身の回りで様々な心の病を見て来た．うつ病、神経症、躁病、境界型人格障害等である．これらは、いずれも大変な病気であって、本人は苦しいし、周りの人をも巻き込むことになる．しかし、パラノイアの方に日本では出会ったことがない．

ところが、ヨーロッパでは割りとよくある病気らしい．ヨーロッ

パの文化では，強い自我の確立と，他との闘いを強いられるからであろう．

　　考える．故に我あり．　　デカルト

　私の共同研究者にドイツ人の若者がいる．チベット仏教に関心を持っている．

　近年，欧米ではチベット仏教の指導者ダライ・ラマが人気がある．その理由は，彼のリベラルな人間性もさることながら，チベット仏教が，一神教であるキリスト教，ユダヤ教，イスラム教と比べて，穏やかに慈悲，寛容，共存を説くことにあると思われる．夏目漱石の「則天去私」について説明したら，私の説明が悪かったのであろう，「自分を無くすることなど危険すぎて，できません」という返事であった．このような意見は，禅に興味を持って入門する欧米人がよく主張するようである．やはり自己を揺るがないものとして確立することから始まるのであろう．

　マザー・テレサでも，晩年のシモーヌ・ヴェイユでも，絶対的なもの，神に帰依することにより，救いを見い出したのだと思うのであるが．

　話が深刻になったので，話題を変える．このドイツ人の若者は日本文化に関心を持っていた．ある時，日本の食べ物が話題となった．仏教徒である彼は菜食主義者である．彼に日本を代表する甘味，「善哉」のことを説明した．「そのことは，聞いたことがある気がする．夏目漱石の「こころ」に…」と言うので，頭の中で「こころ」を思い出す．果たして，「善哉」がそこで話題になっているかと，なっているような気もするし，そうでもない気もしてくる．

　「最初から最後まで，こころには善哉が出てくる」と彼は言う．

　変だなあと思って，追求を続けると，彼の読んだ「こころ」の英訳か独訳では，日本語で特別な意味を持つ「先生」のことを訳さずに，その

まま「Sensei」としていることが解った．確かに「先生」と先生を尊敬する若者の関係を表現する訳語を見つけるのは難しいであろう．

ドイツ人である彼は，それを全部「ゼンザイ」と発音していたのが判明して，皆で大笑いしたのであった．

一方，善哉の言源はサンスクリット語の sadhu（＝立派な人，正しい人）に由来するとのことである．これが，どうして，特別な甘味に結びついたのかは不明らしい．

人生は不定型

1983年に名古屋でポマレの講演を聞いたとき，自分が微分方程式のガロア理論を研究するようになるとは思わなかったことは，先に述べた．実は似たような経験を，この他に2度している．

1970年，微分ガロア理論で著名な，ニューヨークのコロンビア大学教授コルチン（1916-1991）が来日した．彼はそれまでにあった，有限性の条件のもとでの微分方程式のガロア理論を，ヴェイユの代数幾何学の言語を使って集大成した大家であった．コロンビア大学には，第2次世界大戦中，戦後にかけてフランスの数学者シュバレーがいて，彼を通してコルチンの仕事はブルバキからも高く評価されていた．コルチンは名古屋大学で講演したが，私は風邪のため残念なことに出席できなかった．当時大学院生だった私は，翌朝先生を旅館に迎えに行き，駅にお連れし，新幹線に乗せる役を命じられた．

コルチン

旅館で私を出迎えてくれたコルチンは，背広を着てネクタイを締めた上品な初老の紳士だった．先生は私が何者であるかを尋ねられた．当時研究していたテーマについて説明し，秋からストラスブール大学のカルチエのところに留学することになっていること等を話した．最後に，先生は私の名前を確かめ，読んでいた新聞の縁にそれを書いた．このとき，私が微分方程式のガロア理論を将来研究することになるとは予想もしなかった．

1971 年の夏に指導教官であったカルチエがストラスブールから IHES に移ったので，彼について私もパリに出た．

到着して，2, 3 日して IHES でチリからの留学生サーヴェドラと出会った．彼はグロタンディエクの学生で博士論文を用意しているという．そのテーマはカテゴリー・タンナキエンヌだという．カテゴリーは分かったが，後の形容詞が聞き取れなかった．日本人数学者「淡中」に由来するものであることを理解するのに数秒を必要とした．

それから数ヶ月後，彼の博士論文の公開審査が近くのオルセー大学であった．

サーヴェドラ

審査委員長はグロタンディエクだった．この論文はグロタンディエクのアイディアの実現であるのに，講演の途中で 2 人が激しく論争しあう場面もあった．そうかと思うと，講演の途中でグロタンディエクは帰って行ってしまった不思議な論文審査であった．

この時，私は淡中圏の理論が全く理解できなかった．オルセーから IHES に帰る道で，カッツがラパポートと私に熱心に説明してくれたが，私には馬耳東風であった．ましてや，自分が将来この理論に近づくことがあるとは思いもしなかった．

サーヴェドラは博士号を取ると IHES の有能なフランス人の秘書と結婚して故国に帰った．しかし，1973年クーデターによって，自由選挙の結果樹立されたアジェンデ社会主義政権が倒されると，ピノチェットの軍事政権を嫌って国外に脱出した．この独裁政権は東西冷戦の中，ホワイトハウスの後見により，ベルリンの壁崩壊まで生き続けたのである．

チリを離れてサーヴェドラは波乱の人生を歩まれたのだと思うが，筑波大学の教授を務められていた時期もあったようである．そこでは，淡中圏とは全く関係のない仕事をしておられた．

人生は不定型である．

iv. 数学の基礎

1. 集合，写像

高度に技術的な議論はできるがぎり避ける予定であるが，最小限の基礎的な概念，記号を説明する．

1.1 集合

集合とはものの集まりである．集合を構成するものを集合の要素，あるいは元という．要素 a が集合 A の要素であることを記号
$$a \in A, \quad \text{または} \quad A \ni a$$
で表わす．このとき，a は A に属すると言うこともある．

a が集合 A に属さないとき
$$a \notin A, \quad \text{あるいは} \quad A \not\ni a$$
で表わす．

集合を構成する要素は明確に定義されていなければならない．例えば，日本人全体のなす集合というのは，海外で暮らす日系人等を考えると，文化的には意味のある人間の集団であるが，その構成要素が明確に定義されていないので数学的な意味での集合ではない．

例 1.1 0 および自然数全体のなす集合を $\mathbb{N}$ で表わす．つまり，
$$\mathbb{N} = \{0, 1, 2, 3, \cdots\}$$
である．

したがって，$10 \in \mathbb{N}$ であり，$-1 \notin \mathbb{N}$ である．

例 1.2 整数全体のなす集合を $\mathbb{Z}$ で表わす．
$$\mathbb{Z} = \{\cdots, -2, -1, 0, 1, 2, \cdots\}$$

である．

集合を記述するには，例 1.1, 1.2 で見たように，構成する元を列挙する方法がある．その他に条件を記述する方法がある．例えば
$$\mathbb{N} = \{x \mid x \text{ は } 0, \text{ または自然数}\}$$
というように記述する．

この方法を使えば
$$\mathbb{N} = \{x \in \mathbb{Z} \mid x \geq 0\}$$
と書くこともできる．

例 1.3 有理数全体のなす集合を $\mathbb{Q}$ で表わす．言い換えれば，
$$\mathbb{Q} = \{x \mid \text{整数 } m, n \neq 0 \text{ が存在して } x = m/n\}$$
である．

実数全体のなす集合を $\mathbb{R}$，複素数全体のなす集合を $\mathbb{C}$ で表わす．

A, B を 2 つの集合とする．集合 A の任意の元が集合 B の元であるとき，A は B の部分集合であるといい，$A \subset B$ で表わす．（人によっては $A \subseteq B$ と書くこともあるが，本書ではこの記号 $\subseteq$ を使用しない．）

論理的には次のように述べるのがより正確である．次の命題が成り立つとき，集合 A は集合 B の部分集合であるという．

命題 1.1 $a \in A$ ならば，$a \in B$ である．

例 1.4 包含関係
$$\mathbb{N} \subset \mathbb{Z} \subset \mathbb{Q} \subset \mathbb{R} \subset \mathbb{C}$$
が成立する．

集合の定義をしたときに，集合は，はっきりとしたものの集まり

であると定めた．しかし，いかなる元も含まない集合を，空集合という，特別に導入する．空集合を記号 ϕ で表わす．

すべての集合 A に対して
$$\phi \subset A$$
であると定める．

A を集合，B, C とその部分集合とする．部分集合 B, C の合併集合 $B \cup C$，共通部分 $B \cap C$ を次のように定める．
$$B \cup C := \{x \in A \mid x \in B \text{ または } x \in C\},$$
$$B \cap C := \{x \in A \mid x \in B \text{ かつ } x \in C\}.$$
無限個の部分集合の合併集合，共通部分も同様に定義される．

1.2 写像

A, B を2つの集合とする．集合 A の各元 a に対して，B の元 $f(a)$ を一つ与えるしくみを集合 A から B への写像とよび，
$$f : A \to B$$
で表わす．
$$f : A \to B, \quad a \longmapsto f(a)$$
と書くこともある．

集合 A から A 自身への写像
$$f : A \to A, \quad a \longmapsto a$$
を恒等写像と呼び，$f = \mathrm{Id}_A$ で表わす．

写像の合成

$f : A \to B$, $g : B \to C$ が与えられたとき合成写像
$$g \circ f : A \to C, \quad a \longmapsto g(f(a))$$
が定義される．

命題 1.2　$f:A \to B$, $g:B \to C$, $h:C \to D$ を3つの写像とする．この時集合 A から集合 D への写像の等式
$$h \circ (g \circ f) = (h \circ g) \circ f$$
が成り立つ．

1.3　像，逆像

写像 $f:A \to B$ を考える．部分集合 $C \subset A$ に対して集合 B の部分集合
$$\{f(a) \in B \mid a \in C\}$$
を写像 f による部分集合 C の像とよび，$f(C)$ で表わす．

次に，$D \subset B$ を集合 B の部分集合とする．A の部分集合
$$\{a \in A \mid f(a) \in D\}$$
を部分集合 $D \subset B$ の写像 $f:A \to B$ による逆像とよび，$f^{-1}(D)$ で表わす．

1.4　全射，単射，全単射

写像 $f:A \to B$ を考える．$x, y \in A$, $x \neq y$ のとき，つねに $f(x) \neq f(y)$ が成立すると仮定する．このとき，f は単射であるという．

例 1.5　写像
$$f:\mathbb{R} \to \mathbb{R},\ x \longmapsto x^3$$
は単射である．$y = x^3$ のグラフを描いてみるとよい．

一方，写像

$$f:\mathbb{C}\to\mathbb{C},\quad x\longmapsto x^3$$

は単射でない.何故なら,$\omega:=(-1+\sqrt{3}\,i)/2$ とすると,$\omega\neq 1$ であるが,$f(\omega)=\omega^3=1=f(1)$ であるからである.

$f(A)=B$ であるとき,写像 $f:A\to B$ は全射であるという.この条件は次のように言い換えることができる.

B の任意の元 $b\in B$ に対して,$f(a)=b$ となる A の元 a が存在する.

例1.5の2つの写像は,いずれも全射である.

次の命題はよく知られている.

命題 1.3 写像 $f:A\to B$ に関する次の条件は同値である.
(1) f は全射であり,かつ単射である(簡単のため全単射であるという).
(2) 写像 $g:B\to A$ が存在して,
$$g\circ f=\mathrm{Id}_A,\quad f\circ g=\mathrm{Id}_B$$
となる.

例1.5の最初の例は全単射である.

2. 群

2.1 群の定義

定義 2.1 空でない集合 G が次の条件をみたすとき,G は群であるという.
(1) 集合 G の任意の2元 a,b に対して,a と b の積とよぶ集合 G の元 $a\cdot b$ が定められている.

(2) 集合 G の任意の 3 つの元 a, b, c について
$$(a \cdot b) \cdot c = a \cdot (b \cdot c)$$
が成り立つ．
(3) 集合 G の元 e が存在して，G のすべての元 a に対して，
$$e \cdot a = a \cdot e = a$$
となる．
(4) 集合 G の任意の元 a に対して，G の元 a^{-1} が存在して，
$$a^{-1} \cdot a = a \cdot a^{-1} = e$$
となる．

　条件(1)は G の任意の 2 元に対して，積と呼ぶ演算が定義されることを示している．積 $a \cdot b$ を ab と書くこともある．

　条件(2)を結合律という．

　条件(3)をみたす G の元 e を単位元という．e を 1 で表すこともある．

　条件(4)の定める a^{-1} を a の逆元という．

　結合法則が成り立っているので，自然数 n に対して，a の累乗 a^n を次のように定義すると便利である．

（ⅰ）$a^1 = a$ である．

（ⅱ）a^r が定義されたとき，$a^{r+1} = a \cdot a^r$

と定める．

　つまり，
$$a^n = a \cdot a^{n-1} = a \cdot (a \cdot (a^{n-2})) = \cdots = \overbrace{a \cdot a \cdot \cdots \cdot a}^{n}$$
である．さらに，$a^0 = 1$，自然数 n に対して，
$$a^{-n} = (a^{-1})^n$$
と定める．このとき，$m, n \in \mathbb{Z}$ に対して，通常の計算規則

$$a^m \cdot a^n = a^{m+n},$$
$$(a^m)^n = a^{mn}$$

が成り立つ．

例 2.1 $\mathbb{R}^* = \{x \in \mathbb{R} \mid x \neq 0\}$ と書くことにする．つまり，$\mathbb{R}^*$ は 0 でない実数全体のなす集合である．$a, b \in \mathbb{R}^*$ に対して，積 $a \cdot b$ を通常の数の積 ab で定める．単位元を $1 \in \mathbb{R}^*$，元 $a \in \mathbb{R}^*$ の逆元を a の逆数 $1/a$ と定めれば，$\mathbb{R}^*$ は群となる．

同様にして $\{1, -1\} \subset \mathbb{R}^*$ も演算を通常の乗法として定義すれば群になる．

例 2.2 整数全体の集合 $\mathbb{Z}$ において，2 つの元 $m, n \in \mathbb{Z}$ の積を和 $m + n \in \mathbb{Z}$ で定める．零 $0 \in \mathbb{Z}$ を単位元，m の逆元を $-m$ とすれば群になる．この場合，演算の積を表わすのに和 $m+n$ の記号を使う方が自然である．

結合律は $(l+m)+n = l+(m+n)$, (l, m, n は任意の整数)

条件(3)は $0+m = m+0 = m$,

条件(4)は $-m+m = m+(-m) = 0$

となる．

さらに，この群においては，G の任意の 2 つの元 a, b について，$ab = ba$ が成り立っている．この条件を満たす群を可換群，あるいはアーベル群という．

アーベル群 G において，積 $a \cdot b$ を $a+b$，単位元 e を 0，逆元 a^{-1} を $-a$ で表わすことがある．このとき G を加法群であるという．

上の例は可換群であったが，可換でない群の例としては，行列の

なす群がある．

例 2.3 $GL_2(\mathbb{R})$ を行列式が 0 でない実 2×2 行列とする．行列 $A, B \in GL_2(\mathbb{R})$ の積 $A \cdot B$ を行列 A, B の積で定める．単位元 e は単位行列 I_2，行列 A の逆元は逆行列 A^{-1} とすると，$GL_2(\mathbb{R})$ は群となる．よく知られたように，$GL_2(\mathbb{R})$ は可換群ではない．つまり，$GL_2(\mathbb{R})$ の行列 A, B が存在して，$AB \neq BA$ となる．

行列群 $GL_2(\mathbb{R})$ は，平面 $\mathbb{R}^2$ の正則な線型変換全体のなす群である．

例 2.4 A を空でない集合とする．
$$\mathrm{Aut}\, A = \{f: A \to A \mid f \text{ は } A \text{ から } A \text{ 自身への全単射}\}$$
とおく．$f: A \to A, g: A \to A$ を $\mathrm{Aut}\, A$ の 2 つ元とする．f と g の積を合成写像
$$f \cdot g = f \circ g : A \xrightarrow{g} A \xrightarrow{f} A \in \mathrm{Aut}\, A$$
によって定める．単位元として恒等写像 Id_A，全単射写像 $f: A \to A$ の逆元として逆写像 f^{-1} をとれば $\mathrm{Aut}\, A$ は群となる．

$\mathrm{Aut}\, A$ を集合 A の変換群という．より一般には $\mathrm{Aut}\, A$ の部分集合 G が，$\mathrm{Aut}\, A$ の演算に関して群となるとき，G を変換群であるという．

集合 A が有限集合であるとき，変換群を置換群と呼ぶ．

例 2.5 集合 A が 3 つの数 1, 2, 3 からなるときに詳しく見てみよう．すなわち，$A = \{1, 2, 3\}$ である．$\mathrm{Aut}\, A$ を 3 次対称群とよび，記号 S_3 であらわす．

$$f : \{1, 2, 3\} \to \{1, 2, 3\}$$

を全単射とする．f は単射であるので，$a, b \in A, a \neq b$ とすれば，$f(a) \neq f(b)$ である．したがって数列 $f(1), f(2), f(3)$ は $1, 2, 3$ を並べ替えたものに他ならない．また写像 $f : A \to A$ は数列 $f(1), f(2), f(3)$ によって決まってしまうので，写像 f を記号

$$f = \begin{pmatrix} 1 & 2 & 3 \\ f(1) & f(2) & f(3) \end{pmatrix}$$

で表わすことにする．この記号を用いれば，恒等写像

$$\mathrm{Id}_A = \begin{pmatrix} 1 & 2 & 3 \\ 1 & 2 & 3 \end{pmatrix}$$

である．3次対称群は次の6個の元からできている．

$$I = \begin{pmatrix} 1 & 2 & 3 \\ 1 & 2 & 3 \end{pmatrix}, \begin{pmatrix} 1 & 2 & 3 \\ 1 & 3 & 2 \end{pmatrix}, \begin{pmatrix} 1 & 2 & 3 \\ 3 & 2 & 1 \end{pmatrix},$$

$$\begin{pmatrix} 1 & 2 & 3 \\ 2 & 1 & 3 \end{pmatrix}, \begin{pmatrix} 1 & 2 & 3 \\ 3 & 1 & 2 \end{pmatrix}, \begin{pmatrix} 1 & 2 & 3 \\ 2 & 3 & 1 \end{pmatrix}.$$

恒等写像 $\begin{pmatrix} 1 & 2 & 3 \\ 1 & 2 & 3 \end{pmatrix}$ を単に 1 と書くこともある．

$f = \begin{pmatrix} 1 & 2 & 3 \\ 1 & 3 & 2 \end{pmatrix} = \begin{pmatrix} 1 & 2 & 3 \\ f(1) & f(2) & f(3) \end{pmatrix}$ と $g = \begin{pmatrix} 1 & 2 & 3 \\ 3 & 1 & 2 \end{pmatrix} = \begin{pmatrix} 1 & 2 & 3 \\ g(1) & g(2) & g(3) \end{pmatrix}$ の積 $h = f \cdot g = f \circ g$ を計算してみよう．まず，記号の定め方から $f(1) = 1, f(2) = 3, f(3) = 2, g(1) = 3, g(2) = 1, g(3) = 2$ である．

$h = \begin{pmatrix} 1 & 2 & 3 \\ h(1) & h(2) & h(3) \end{pmatrix}$ であるので，$h(1), h(2), h(3)$ を求めればよい．$h(1) = (f \circ g)(1) = f(g(1)) = f(3) = 2$，$h(2) = (f \circ g)(2) = f(g(2)) = f(1) = 1$，$h(3) = (f \circ g)(3) = f(g(3)) = f(2) = 3$．したがって，

$$h = \begin{pmatrix} 1 & 2 & 3 \\ h(1) & h(2) & h(3) \end{pmatrix} = \begin{pmatrix} 1 & 2 & 3 \\ 2 & 1 & 3 \end{pmatrix}.$$

2.2 部分群

G の部分集合 H が G の演算に関して群となるとき，H は G の部分群であるという．この条件を具体的に書けば，次のようになる．

(1) $a, b \in H$ ならば積 $a \cdot b \in H$ である．
(2) 単位元 e は H の元である．
(3) H の任意の元 a に対して，その逆元 a^{-1} は H の元である．

結合律，$e \cdot a = a \cdot e = a$, $a^{-1} \cdot a = a \cdot a^{-1} = e$ は G の中で成立しているので，改めて成立することを要求する必要はないからである．ただ H の 2 つの元の積が H の中に定まること，$e \in H$, $a \in H$ のとき $a^{-1} \in H$ のみを要求すればよいのである．

命題 2.1 群 G の部分集合 H に関する次の条件 1, 2 は同値である．

1. H は部分群である．
2. 次の条件 (ⅰ), (ⅱ) が成り立つ．
(ⅰ) a, b を H の任意の 2 つの元とすると，積 $ab \in H$ である．
(ⅱ) a を H の任意の元とすると，$a^{-1} \in H$ である．

証明 1 ⇒ 2 であることは自明である．
2 ⇒ 1 を示す．$e \in H$ を示せばよい．$a \in H$ とすれば，(ⅱ) より $a^{-1} \in H$ である．したがって，(ⅰ) により，$e = a \cdot a^{-1} \in H$ である．

2.3 部分群の例

例 2.6 群の例 2.1 において，$\mathbb{Q}^* = \{x \in \mathbb{R}^* \mid x \in \mathbb{Q}\}$，$\{1, -1\}$ は乗法群 $\mathbb{R}^*$ の部分群である．

$\mathrm{GL}_2(\mathbb{R})$ は $\mathrm{Aut}\,\mathbb{R}^2$ の部分群である．

また，$\mathrm{SL}_2(\mathbb{R}) = \{A \in \mathrm{GL}_2(\mathbb{R}) \mid 行列式 |A| = 1\}$ は $\mathrm{GL}_2(\mathbb{R})$ の部分群である．

2.4 交代群

3 変数の多項式
$$\Delta(x_1, x_2, x_3) = (x_1 - x_2)(x_1 - x_3)(x_2 - x_3)$$
を考える．$f : \{1, 2, 3\} \to \{1, 2, 3\}$ を 3 次対称群の元とする．f は文字 1, 2, 3 の入れ換えをするのであった．この入れ換えに従って変数 x_1, x_2, x_3 を入れ換えよう．例えば
$$f = \begin{pmatrix} 1 & 2 & 3 \\ 2 & 1 & 3 \end{pmatrix} = \begin{pmatrix} 1 & 2 & 3 \\ f(1) & f(2) & f(3) \end{pmatrix}$$
は，1 を 2 へ，2 を 1 へ，3 を 3 へ写す写像を意味しているが，これに従って変数を $(x_1, x_2, x_3) \mapsto (x_2, x_1, x_3)$ に変換すると，
$\Delta(x_1, x_2, x_3)$ は $\Delta(x_2, x_1, x_3) = (x_2 - x_1)(x_2 - x_3)(x_1 - x_3) = -\Delta(x_1, x_2, x_3)$ となって符号が変わる．

次に $f = \begin{pmatrix} 1 & 2 & 3 \\ 3 & 1 & 2 \end{pmatrix}$ をとって，変換 $(x_1, x_2, x_3) \mapsto (x_3, x_1, x_2)$ を行うと，$\Delta(x_1, x_2, x_3) \mapsto (x_3 - x_1)(x_3 - x_2)(x_1 - x_2) = (x_1 - x_2)(x_1 - x_3)(x_2 - x_3) = \Delta(x_1, x_2, x_3)$ となり，$\Delta(x_1, x_2, x_3)$ は不変である．S_3 の 6 個の元について確かめてみると，次のことがわかる．

$$\{f \in S_3 \mid f は \Delta(x_1, x_2, x_3) を変えない\}$$

$$= \left\{ \begin{pmatrix} 1 & 2 & 3 \\ 1 & 2 & 3 \end{pmatrix}, \begin{pmatrix} 1 & 2 & 3 \\ 3 & 1 & 2 \end{pmatrix}, \begin{pmatrix} 1 & 2 & 3 \\ 2 & 3 & 1 \end{pmatrix} \right\}$$

である．3次対称群 S_3 のこの部分集合を3次交代群とよび A_3 と書く．A_3 が S_3 の部分群であることは直接確かめられるが，次のようにして分かる．$\Delta(x_1, x_2, x_3)$ を不変にする変換を2つ続けても，$\Delta(x_1, x_2, x_3)$ は不変であること，恒等写像によって $\Delta(x_1, x_2, x_3)$ は不変なこと，f が $\Delta(x_1, x_2, x_3)$ を不変にしておれば，逆変換 f^{-1} も $\Delta(x_1, x_2, x_3)$ を不変にしていることから A_3 は S_3 の部分群であることが分かる．

2.5 3次対称群の部分群

3次対称群 S_3 の部分群を列挙すれば次のようになる．

$S_3 =$ 自身，

$A_3 = \left\{ I, \begin{pmatrix} 1 & 2 & 3 \\ 3 & 1 & 2 \end{pmatrix}, \begin{pmatrix} 1 & 2 & 3 \\ 2 & 3 & 1 \end{pmatrix} \right\}$,

$\left\{ I, \begin{pmatrix} 1 & 2 & 3 \\ 2 & 1 & 3 \end{pmatrix} \right\}$, $\left\{ I, \begin{pmatrix} 1 & 2 & 3 \\ 3 & 2 & 1 \end{pmatrix} \right\}$, $\left\{ I, \begin{pmatrix} 1 & 2 & 3 \\ 1 & 3 & 2 \end{pmatrix} \right\}$,

$\{I\}$.

ここで，$I = \begin{pmatrix} 1 & 2 & 3 \\ 1 & 2 & 3 \end{pmatrix}$ である．

3次対称群の例を，n 個の文字 $\{1, 2, 3, \cdots, n\}$ の置換全体 $\mathrm{Aut}\{1, 2, 3, \cdots, n\}$ に一般化することができる．この群 $\mathrm{Aut}\{1, 2, 3, \cdots, n\}$ を n 次対称群とよび，S_n で表わす．S_n の元の個数は，群 S_n の位数という，$n!$ である．S_n の元の中で交代式 $\Delta(x_1, x_2, \cdots, x_n) = \prod_{0 \leq i, j \leq n} (x_i - x_j)$ を不変にするもの全体は S_n の部分群 A_n をなす．A_n を n 次交代群とよぶ．

A_n の位数は $n!/2$ である．

上の考察は3次対称群 S_3 は3次元空間の変換とみなせることを示している．つまり，置換 $f \in S_3$ は座標変換

$$(x_1, x_2, x_3) \longmapsto (x_{f(1)}, x_{f(2)}, x_{f(3)})$$

を引き起こしていると考えるのである．この変換を通して，置換 $f \in S_3$ は交代式 $\Delta(x_1, x_2, x_3)$ に作用するのである．

$$\Delta(x_1, x_2, x_3) \longmapsto \Delta(x_{f(1)}, x_{f(2)}, x_{f(3)}).$$

このとき，関数 $\Delta(x_1, x_2, x_3)$ を不変にする置換全体として，3次対称群 S_3 の部分群である交代群 A_3 が決まるのであった．

この図式は広く一般化される．例2.6をこの視点から見ると，次のようになる．$\mathrm{GL}_2(\mathbb{R})$ は平面 $\mathbb{R}^2$ の変換群である．このとき，

$$\mathrm{SL}_2(\mathbb{R}) = \{g \in \mathrm{GL}_2(\mathbb{R}) \mid g \text{ は平面 } \mathbb{R}^2 \text{ 上の図形の面積を不変にする}\}$$

となっている．つまり，部分群 $\mathrm{SL}_2(\mathbb{R})$ は $\mathrm{GL}_2(\mathbb{R})$ の元であって，その変換が図形の面積を不変にするもの全体として定められるということである．

この考えを発展させれば $\mathrm{GL}_2(\mathbb{R})$ の角度を不変にする変換全体のなす部分群 O_2 が決まる．

$$\begin{aligned} \mathrm{O}_2 &= \{g \in \mathrm{GL}_2(\mathbb{R}) \mid g \text{ は角度を不変にする}\} \\ &= \{g \in \mathrm{GL}_2(\mathbb{R}) \mid {}^t\!gg = g{}^t\!g = 1\}. \end{aligned}$$

ここで，

$$g = \begin{bmatrix} a & b \\ c & d \end{bmatrix} \in \mathrm{GL}_2(\mathbb{R})$$

に対して，${}^t\!g$ は転置行列を表わす．すなわち，

$${}^t\!g = \begin{bmatrix} a & c \\ b & d \end{bmatrix}.$$

O_2 を直交群という．

2.6 群の不変量と幾何学

代数方程式の研究から群を発見したのはガロアである．ガロアが考察したのは主として，方程式の解の入れ換えからなる群であった．つまり置換群であり，有限群であった．

一方，上に見たように群は平面の幾何学とも関連している．容易に分かるように平面 $\mathbb{R}^2$ に限定する必要はない．空間 $\mathbb{R}^3$ でも，より高次元の空間 $\mathbb{R}^n$ でも同様に議論できる．$\mathbb{R}^n$ を射影空間 $\mathbb{P}^n_{\mathbb{R}}$ に置き換えてもよい．そうすれば，n 次元射影変換全体のなす群 $\mathrm{PGL}_{n+1}(\mathbb{R})$ が n 次元射影空間の変換群とみなせる．

再び平面 $\mathbb{R}^2$ を例にとる．平面の合同変換全体を EU_2 で表わす．EU_2 は $\mathrm{Aut}\,\mathbb{R}^2$ の部分群である．合同変換の定義は色々であるが，ここでは平面の変換であって平面上の任意の2直線の角度を変えないものと定義する．そうすれば，定義より

$$\mathrm{EU}_2 = \{g \in \mathrm{Aut}\,\mathbb{R}^2 \mid g \text{ は角度を不変にする}\}$$

となる．さらに，変換群 EU_2 は角度の他に，平面 $\mathbb{R}^2$ 上の曲線の長さ，図形の面積も不変にすることが分かる．次のようにまとめることができる．

平面ユークリッド幾何学とは合同変換群 EU_2 の不変量を研究する幾何学である．

射影幾何学も同様である．n 次元射影幾何学とは，射影空間 $\mathbb{P}^n_{\mathbb{R}}$ の変換群 $\mathrm{PGL}_{n+1}(\mathbb{R})$ に関する不変量を研究する理論である．

ここまでは，ユークリッド幾何学，射影幾何学を扱ったが，非ユークリッド幾何学も同様に扱える．非ユークリッド幾何学は，ユークリッドの平行線の公理が成り立たない幾何学の総称であって，それを実現する様々のモデルがある．これらのモデルを実現するには，歪んだ空間とその変換群を考えればよい．このような一般的な

歪んだ空間はリーマン多様体とよばれる．この枠組みは，さらに進んで，アインシュタインの一般相対性理論を記述するのに役立つ．

2.7 エルランゲン・プログラム

1872年エルランゲン大学の教授となった弱冠23歳のクラインは，その就任講演で，

「幾何学とは変換群とその不変量の理論である」

という画期的な見解を述べた．これは，ガロアの方程式論のもとにあるアイディアを，非ユークリッド幾何学，リーマン幾何学の発展と結びつけた斬新な思想であった．

2.8 巡回群

G を群とする．S を G の部分集合とする．S を含む G の最小の部分群を S の生成する部分群，あるいは S によって生成される部分群とよび，$\langle S \rangle$ で表わす．

1つの元からなる部分集合 $\{a\}$ の生成する部分群は $\{a^n | n \in \mathbb{Z}\}$ である．つまり，$\langle a \rangle = \{a^n | n \in \mathbb{Z}\}$ である[1]．1つの元から生成される部分群を巡回群という．

例2.7 整数 $\mathbb{Z}$ の加法群は巡回群である．$S = \{1\}$ とすると，1または -1 を何回か加えることによってすべての整数を表示することができるので，$\mathbb{Z}$ は $S = \{1\}$ より生成されるからである．

S_3 の部分群 A_3

---

[1] 部分群 $\langle \{a\} \rangle$ を通常 $\langle a \rangle$ と書くことが多い．

$$\left\{I, \begin{pmatrix} 1 & 2 & 3 \\ 3 & 1 & 2 \end{pmatrix}, \begin{pmatrix} 1 & 2 & 3 \\ 2 & 3 & 1 \end{pmatrix}\right\}$$

は巡回群である．何故なら

$$\begin{pmatrix} 1 & 2 & 3 \\ 3 & 1 & 2 \end{pmatrix}^2 = \begin{pmatrix} 1 & 2 & 3 \\ 2 & 3 & 1 \end{pmatrix}, \quad \begin{pmatrix} 1 & 2 & 3 \\ 3 & 1 & 2 \end{pmatrix}^3 = I$$

であり，A_3 は元

$$\begin{pmatrix} 1 & 2 & 3 \\ 3 & 1 & 2 \end{pmatrix}$$

によって生成されている．

2.9 剰余類

H を群 G の部分群，a を G の元とする．G の部分集合
$$aH = \{ah \,|\, h \in H\}, \quad Ha = \{ha \,|\, h \in H\}$$
を，それぞれ H の G における左剰余類，右剰余類とよぶ．H は部分群であるので，$a \in H$ であれば，$aH = H$ である．したがって，部分群 H 自身は一つの左剰余類である．同様の理由で H 自身は右剰余類の一つでもある．以下，主として左剰余類について述べるが，同じ主張は右剰余類についても成り立つ．

補題 2.1 a, b を G の元とする．次の条件は同値である．
(1) $a^{-1}b \in H$,
(2) $aH = bH$.

証明 $(1) \Rightarrow (2)$．$a^{-1}b = h \in H$ とすれば $b = ah$ である．従って，$aH = a(hH) = (ah)H = bH$．逆に (2) が成り立つと仮定する．$b = b1 \in bH = aH$ であるので，H の元 h が存在して，$b = ah$ と書ける．この両辺に左から a^{-1} を掛けて，$a^{-1}b = a^{-1}(ah) = h$ である．

補題 2.2 $a, b \in G$ とすると，次のどちらかが成り立つ．
(1) $aH = bH$,　　(2) $aH \cap bH = \phi$.

証明 (2) が成り立たないと仮定して (1) を導けばよい．(2) が成り立たなければ，つまり $aH \cap bH \neq \phi$ であれば，$c \in aH \cap bH$ となる G の元 c が存在する．$c \in aH$, $c \in bH$ であるので，H の元 h_1, h_2 が存在して $c = ah_1$, $c = bh_2$ となる．従って，$aH = ah_1 H = cH = bh_2 H = bH$ である．

補題 2.2 によって，集合 G を左剰余類 aH の互いに共通部分のない部分集合の合併集合として表示することができる．

命題 2.2 群 G の元 $a, b, c, \cdots$ が存在して，群 G は左剰余類 $aH, bH, cH, \cdots$ の互いに共通部分のない和集合
$$G = aH \cup bH \cup cH \cup \cdots$$
と表示できる．つまり，
$$G = \bigcup_{a \in G} aH$$
であるが，2 つの剰余類 aH と bH については $aH = bH$ か $aH \cap bH = \phi$ であるので，重複のないように a, b を選べばよいのである．

H 自身以外の剰余類 aH は部分群ではない．aH は単位元を含まないからである．

2.10 有限群の部分群の指数

G を有限群，H を G の部分群とする．G, H の位数，つまり集合 G, H に含まれる元の個数をそれぞれ $|G|, |H|$ で表わす．G

の元 $g_1, g_2, \cdots, g_r$ を選んで，共通部分のない表示
$$G = g_1H \cup g_2H \cup \cdots \cup g_rH$$
をすることができる．部分集合 g_iH, $1 \le i \le r$ は $|H|$ 個の元からなるので，次の命題をえる．

命題 2.3 $|G| = r|H|$．つまり，有限群 G の部分群 H の位数は群 G の位数の約数である．

有限群 G の元 a に対して，a から生成される巡回群の位数を元 a の位数という．したがって，a の位数は $a^n = e$ となる最小の正整数 n に他ならない．

命題 2.3 より次の系をえる．

系 2.1 有限群 G の任意の元の位数は群 G の位数 $|G|$ の約数である．

この系から，次の結果を直ちにえる．

系 2.2 G を位数 n の有限群，$a \in G$ とする．このとき，$a^n = e$ である．

2.11 正規部分群

定義 2.2 H を群 G の部分群とする．G のすべての元 $a \in G$ について，$aH = Ha$ が成立するとき，H は G の正規部分群であるという．

可換群については，その部分群はすべて正規部分群である．

例 2.8 3次対称群 S_3 の交代部分群 A_3 は正規部分群である．

左, 右剰余類への分解を具体的に書けば,

$$S_3 = A_3 \cup \begin{pmatrix} 1 & 2 & 3 \\ 2 & 1 & 3 \end{pmatrix} A_3 \tag{$*$}$$

$$= A_3 \cup \left\{ \begin{pmatrix} 1 & 2 & 3 \\ 2 & 1 & 3 \end{pmatrix}, \begin{pmatrix} 1 & 2 & 3 \\ 3 & 2 & 1 \end{pmatrix}, \begin{pmatrix} 1 & 2 & 3 \\ 1 & 3 & 2 \end{pmatrix} \right\},$$

$$S_3 = A_3 \cup A_3 \begin{pmatrix} 1 & 2 & 3 \\ 2 & 1 & 3 \end{pmatrix} \tag{$**$}$$

$$= A_3 \cup \left\{ \begin{pmatrix} 1 & 2 & 3 \\ 2 & 1 & 3 \end{pmatrix}, \begin{pmatrix} 1 & 2 & 3 \\ 1 & 3 & 2 \end{pmatrix}, \begin{pmatrix} 1 & 2 & 3 \\ 3 & 2 & 1 \end{pmatrix} \right\}$$

となり, 確かに

$$\begin{pmatrix} 1 & 2 & 3 \\ 2 & 1 & 3 \end{pmatrix} A_3 = A_3 \begin{pmatrix} 1 & 2 & 3 \\ 2 & 1 & 3 \end{pmatrix}$$

である.

$$1 A_3 = A_3 = A_3 1$$

でもあるので, A_3 に関する左右剰余類は一致する.

上の例を観察してみると, 計算する必要がないことが分かる. つまり, A_3 と $\begin{pmatrix} 1 & 2 & 3 \\ 2 & 1 & 3 \end{pmatrix} A_3$ には共通部分がないので($*$)より

$$\begin{pmatrix} 1 & 2 & 3 \\ 2 & 1 & 3 \end{pmatrix} A_3 = \{ f \in S_3 \mid f \notin A_3 \}.$$

同様に, ($**$)より,

$$A_3 \begin{pmatrix} 1 & 2 & 3 \\ 2 & 1 & 3 \end{pmatrix} = \{ f \in S_3 \mid f \notin A_3 \}.$$

したがって,

$$\begin{pmatrix} 1 & 2 & 3 \\ 2 & 1 & 3 \end{pmatrix} A_3 = A_3 \begin{pmatrix} 1 & 2 & 3 \\ 2 & 1 & 3 \end{pmatrix}.$$

部分群 H による左剰余類の個数を, G における部分群 H の指数とよび, $(G:H)$ で表わす.

注意 指数 $(G:H)$ は, H の右剰余類の個数でもある. 何故なら,

$$G = \cup a_\alpha H$$

と左剰余類に分解されれば，
$$(a_\alpha H)^{-1} = H a_\alpha^{-1}$$
となり，
$$G = \cup H a_\alpha^{-1}$$
は右剰余類の分解を与えるからである．

交代部分群 A_3 が S_3 の正規部分群であることを示した2番目の方法により，次が証明できる．

群 G の指数2の部分群 H は正規部分群である．

命題 2.4 H を群 G の正規部分群とする．このとき，G の H に関する2つの剰余類の積は1つの剰余類となる．より正確に記述すれば，G の任意の2元 a, b に対して
$$aH \cdot bH = \{xy \mid x \in aH,\ y \in bH\}$$
とおくと，
$$aH \cdot bH = abH$$
である．

実際，$aH \cdot bH = a \cdot Hb \cdot H = a \cdot bH \cdot H = abH$.

命題 2.5 上と同じ仮定のもとで，H の2つの剰余類 aH, bH の積を，命題 2.4 に従って
$$(aH)(bH) = abH$$
と定めると，G の剰余類全体 G/H は自然に群となる．ここで，G/H の単位元は剰余類 H で，剰余類 aH の逆元は剰余類 $a^{-1}H$ で与えられる．

G/H が群であることを確かめる．G の任意の3つの元 a, b, c に対して

$$(aH \cdot bH) \cdot cH = aH \cdot (bH \cdot cH) \quad (*)$$

であることは次のようにして分かる.

$$(aH \cdot bH) \cdot cH = abH \cdot cH = (ab)cH$$

一方,

$$aH \cdot (bH \cdot cH) = aH \cdot bcH = a(bc)H.$$

故に, (*) が成り立つ.

$H \cdot aH = eH \cdot aH = eaH = aH$, さらに,
$aH \cdot H = aH \cdot eH = aeH = aH$ である.

また, $aH \cdot a^{-1}H = aa^{-1}H = eH = H$, $a^{-1}H \cdot aH = a^{-1}aH = eH = H$ であるので, 剰余類 H は単位元, $a^{-1}H$ は剰余類 aH の逆元である.

H は G の正規部分群であるので, 左剰余類全体 G/H と右剰余類全体 $H\backslash G$ は同一であることに注意しておく. 剰余類全体のなす群 G/H を群 G の正規部分群 H による剰余群という.

例 2.9 整数全体のなす加法群 $\mathbb{Z}$ は可換群であるので, その任意の部分群は正規部分群である. 部分群 $2\mathbb{Z} = \{0, \pm 2, \pm 4, \cdots\}$ は偶数全体のなす加法部分群である. 加法群 $\mathbb{Z}$ を $2\mathbb{Z}$ に関する剰余類に分解すると, $\mathbb{Z} = 2\mathbb{Z} \cup (1 + 2\mathbb{Z})$ となる.

剰余類 $1 + 2\mathbb{Z} = \{1 + 2n \mid n \in \mathbb{Z}\}$ は奇数全体であるので, この分解は

$$\mathbb{Z} = 偶数全体 \cup 奇数全体$$

と分解することに他ならない. 剰余類の間の演算は次のようになる.

$$(偶数全体)+(偶数全体)=(偶数全体),$$
$$(偶数全体)+(奇数全体)=(奇数全体),$$
$$(奇数全体)+(奇数全体)=(偶数全体).$$

2のかわりに，整数 $n \geq 0$ をとっても同様である．このときは，剰余類への分解は

$$\mathbb{Z} = \{nk | k \in \mathbb{Z}\} \cup \{nk+1 | k \in \mathbb{Z}\} \cup \cdots \cup \{nk+n-1 | k \in \mathbb{Z}\}$$

である．つまり，整数を n で割ったときの余りによって剰余類に分けるのである．

2.12 準同型写像

$f: G_1 \to G_2$ を群 G_1 から G_2 への写像とする．f が次の条件をみたすとき，写像 f は群 G_1 から群 G_2 への準同型写像であるという．

条件 2.1 G_1 の任意の2つの元 a, b について，$f(ab) = f(a)f(b)$ が成り立つ．

次の命題が示すように，準同型写像 $f: G_1 \to G_2$ は単に演算，つまり積を保つ ($f(ab) = f(a)f(b)$ が成立する) だけでなく，G_1 の単位元 e_1 を G_2 の単位元 e_2 に，逆元 a^{-1} を $f(a)^{-1}$ に写すのである．

命題 2.6 $f: G_1 \to G_2$ を群 G_1 から G_2 への準同型写像とすれば，
1. $f(e_1) = e_2$ である．
  ここで $e_1 \in G_1$, $e_2 \in G_2$ は各々群 G_1, G_2 の単位元を表わす．
2. G_1 の任意の元 $a \in G_1$ について，$f(a^{-1}) = f(a)^{-1}$ が成り立つ．

証明 $e_1^2 = e_1$ であるので，$f(e_1)f(e_1) = f(e_1^2) = f(e_1)$. つまり，
$$f(e_1)f(e_1) = f(e_1)$$
この両辺に左から $f(e_1)^{-1}$ を掛けると，

$$f(e_1)^{-1}(f(e_1)f(e_1)) = f(e_1)^{-1}f(e_1),$$
$$(f(e_1)^{-1}f(e_1))f(e_1) = e_2, \ f(e_1) = e_2. \quad (**)$$

次に，G_1 の任意の元 $a \in G_1$ について，$a^{-1} \cdot a = e_1$．この両辺を f で写せば，

$$f(a^{-1}a) = f(a^{-1})f(a) = f(e_1).$$

($**$)により，$f(a^{-1})f(a) = e_2$．この等式に右から $f(a)^{-1}$ を掛けると，

$$f(a^{-1}) = e_2 f(a)^{-1} = f(a)^{-1}.$$

命題2.7 $f: G_1 \to G_2$ を群準同型写像とする．

1. H を G_1 の部分群とすれば，その像 $f(H)$ は G_2 の部分群である．

2. K を G_2 の部分群とすれば，$f^{-1}(K)$ は G_1 の部分群である．

証明 主張1の証明．命題2.1により，

$$a, b \in f(H) \quad (*)$$

に対して，$ab \in f(H)$ であること，および $a^{-1} \in f(H)$ であることを示せばよい．条件($*$)より，H の元 $a', b' \in H$ が存在して，$a = f(a'), b = f(b')$ となる．

$$ab = f(a')f(b') = f(a'b'). \quad (**)$$

H は部分群であるので，$a'b' \in H$．したがって，($**$)より $ab \in f(H)$.

また，H は部分群であるので，$a'^{-1} \in H$．したがって，

$$a^{-1} = f(a')^{-1} = f(a'^{-1}) \in f(H).$$

次に主張2を示す．$c, d \in f^{-1}(K)$ とすると，$f(c), f(d) \in K$ である．K は部分群であるので，$f(cd) = f(c)f(d) \in K$ である．次に，K は G_2 の部分群であるので $f(c^{-1}) = f(c)^{-1} \in K$ である．

したがって，$c^{-1} \in f^{-1}(K)$ である．

例 2.10 一般線形群 $\mathrm{GL}_2(\mathbb{R})$ から 0 でない実数全体のなす乗法群 $\mathbb{R}^*$ への写像
$$f: \mathrm{GL}_2(\mathbb{R}) \to \mathbb{R}^*, \quad A \longmapsto |A|$$
を考える．ここで，$A \in \mathrm{GL}_2(\mathbb{R})$ に対して，その行列式を $|A|$ で表わす．$A, B \in \mathrm{GL}_2(\mathbb{R})$ に対して
$$f(AB) = |AB| = |A||B| = f(A)f(B)$$
であるので，f は群の準同型写像である．

例 2.11 $G_1 = S_3$ とする．$f \in S_3$ に対して，$f(\Delta(x_1, x_2, x_3)) = \Delta(x_{f(1)}, x_{f(2)}, x_{f(3)})$ と定めた．このとき，$\{f \in S_3 \mid f\Delta = \Delta\} = A_3$ であった．$f(\Delta(x_1, x_2, x_3)) = \Delta(x_1, x_2, x_3)$ であるとき，f を偶置換，$f(\Delta(x_1, x_2, x_3)) = -\Delta(x_1, x_2, x_3)$ であるとき奇置換というのであった．$f, g \in S_3$ に対して，$(gf)\Delta(x_1, x_2, x_3) = g(f\Delta(x_1, x_2, x_3))$ であるので，

偶置換・偶置換 = 偶置換，
偶置換・奇置換 = 奇置換，
奇置換・偶置換 = 奇置換，
奇置換・奇置換 = 偶置換．

したがって，写像
$$\sigma: S_3 \to \mathbb{R}^*$$
を
$$\sigma(f) = \begin{cases} 1, & f \text{ が偶置換のとき}, \\ -1, & f \text{ が奇置換のとき} \end{cases}$$
と定めれば，$\sigma: S_3 \to \mathbb{R}^*$ は準同型写像となる．

例 2.12 H を群 G の正規部分群とする．このとき，剰余類全体 G/H は自然に群となるのであった．自然な写像 $\pi: G \to G/H$ は群の準同型写像である．実際，定義より $\pi(ab) = abH = aHbH = \pi(a)\pi(b)$ である．

2.13 同型写像

2つの群 G_1, G_2 を考える．群の準同型写像 $f: G_1 \to G_2$, $g: G_2 \to G_1$ が存在して，$g \circ f = \mathrm{Id}_{G_1}, f \circ g = \mathrm{Id}_{G_2}$ が成り立つとき，群 G_1 と群 G_2 は同型であるという．ここで，$\mathrm{Id}_{G_1}, \mathrm{Id}_{G_2}$ は群 G_1, G_2 の恒等写像を表わす．したがって，$\mathrm{Id}_{G_1}: G_1 \to G_1, g \longmapsto g$ である．Id_{G_2} についても同様である．またこのとき，f, g は同型写像であるという．

上の定義は自然なものであるが，次のように少し不自然な形で言い換えることもできる．つまり，準同型写像 $f: G_1 \to G_2$ で全単射であるものが存在するとき，群 G_1 と群 G_2 は同型であるという．

$f: G_1 \to G_2$ を群 G_1 から群 G_2 への準同型写像とする．単位元 $e_2 \in G_2$ の逆像
$$f^{-1}(e_2) = \{a \in G_1 \mid f(a) = e_2\}$$
を準同型写像 f の核とよび，$\mathrm{Ker} f$ で表わす．

補題 2.3 $\mathrm{Ker} f$ は G_1 の正規部分群である．

証明 $a, b \in \mathrm{Ker} f$ と仮定する．つまり，$f(a) = e_2, f(b) = e_2$ である．$f(ab) = f(a)f(b) = e_2 e_2 = e_2$ であるので，$ab \in \mathrm{Ker} f$.

次に命題 2.5 で見たように $f(e_1) = e_2$ であるので，$e_1 \in \mathrm{Ker} f$ である．また $a \in \mathrm{Ker} f$ とすれば，$f(a^{-1}) = f(a)^{-1} = e_2^{-1} = e_2$ で

ある.

次に，$\mathrm{Ker} f$ が G_1 の正規部分群であることを示す．それには，G_1 の任意の元 a に対して

$$a(\mathrm{Ker} f) = (\mathrm{Ker} f)a$$

が成り立つことを示さなければならない．そのためには

$$a(\mathrm{Ker} f)a^{-1} = \mathrm{Ker} f \qquad (*)$$

を示せばよい．

$k \in \mathrm{Ker} f$ とすれば，

$$f(aka^{-1}) = f(a)f(k)f(a)^{-1} = f(a)e_2 f(a)^{-1} = e_2.$$

したがって，

$$a(\mathrm{Ker} f)a^{-1} \subset \mathrm{Ker} f. \qquad (**)$$

a の代わりに a^{-1} をとれば，$(*)$ により

$$a^{-1}(\mathrm{Ker} f)(a^{-1})^{-1} = a^{-1}(\mathrm{Ker} f)a \subset \mathrm{Ker} f. \qquad (\dagger)$$

したがって，$(\dagger)$ より，

$$\mathrm{Ker} f \subset a(\mathrm{Ker} f)a^{-1}. \qquad (\dagger\dagger)$$

$(**)$, $(\dagger\dagger)$ により $(*)$ が成り立つ．

定理 2.1 $f: G_1 \to G_2$ を群の準同型写像とする．さらに N を G_1 の正規部分群とする．$\mathrm{Ker} f \supset N$ であれば，自然な群準同型写像 $\overline{f}: G/N \to G_2$ が定まって $\overline{f} \circ \pi = f$ となる．ここで $\pi: G_1 \to G_1/N$ は自然な準同型写像である．

$$\begin{array}{c} G_1 \xrightarrow{f} G_2 \\ \pi \downarrow \nearrow \overline{f} \\ G_1/N \end{array} \quad , \quad \overline{f} \circ \pi = f. \qquad (*)$$

このとき上の図式 $(*)$ は可換であるという．

証明 写像 $\overline{f}:G_1/N \to G_2$ を次のように定める．剰余類 $aN \in G_1/N$ に対して

$$\overline{f}(aN) = f(a) \in G_2$$

とおく．ここで，まず問題となるのは，写像 $\overline{f}:G_1/N \to G_2$ が正しく定義されているかという点である．つまり，$aN = bN$ であるならば，$f(a) = f(b)$ であるかという点である．これを確かめよう．$aN = bN$ であれば，$a \in aN = bN$ であるので，N の元 n が存在して，$a = bn$ となる．$n \in N \subset \mathrm{Ker} f$ であるので，

$$f(a) = f(bn) = f(b)f(n) = f(b)e_2 = f(b)$$

である．

これで写像 $\overline{f}:G_1/N \to G_2$ が定義できた．次に $\overline{f}:G_1/N \to G_2$ が準同型写像であることを示そう．G_1/N の 2 つの剰余類 aN, bN をとる．剰余類の間の積の定義より

$$\overline{f}(aN \cdot bN) = \overline{f}(abN).$$

$\overline{f}$ の定義より，

$$\overline{f}(abN) = f(ab) = f(a)f(b).$$

さらに，

$$f(a)f(b) = \overline{f}(aN)\overline{f}(bN)$$

であるので，$\overline{f}(aN \cdot bN) = \overline{f}(aN)\overline{f}(bN)$．つまり，$\overline{f}:G_1/N \to G_2$ は準同型写像である．

最後に，$a \in G_1$ を G_1 の任意の元とすると，$\overline{f} \circ \pi(a) = \overline{f}(aN) = f(a)$ であるので，$\overline{f} \circ \pi = f$ である．

定理 2.2(第 1 同型定理) $f:G_1 \to G_2$ を群準同型写像とする．写像 f は全射であると仮定する．N を準同型写像 f の核とすると，商群 G_1/N は G_2 と自然に同型になる．

証明 補題2.3によってfの核NはG_1の正規部分群である．さらに定理2.1によって自然な準同型写像$\bar{f}: G_1/N \to G$,
$$\bar{f}(aN) = f(a)$$
が存在する．$f: G_1 \to G_2$は全射であるので，$\bar{f}: G_1/N \to G_2$も全射である．$\bar{f}$が同型写像であることを示すには，$\bar{f}$が単射であることを示せばよい．$aN, bN \in G_1/N$を2つの剰余類とする．$aN \neq bN$と仮定して，$\bar{f}(aN) \neq \bar{f}(bN)$を示す．そうでないとすれば，つまり$\bar{f}(aN) = \bar{f}(bN)$であったならば，$f(a) = \bar{f}(aN) = \bar{f}(bN) = f(b)$であるので，$f(a) = f(b)$である．これは$f(a^{-1}b) = f(a)^{-1}f(b) = e_2$を意味するので，$a^{-1}b \in N$．したがって$a \in bN$となる．つまり，$aN = bN$となる．これは仮定に反する．したがって，$\bar{f}(aN) \neq \bar{f}(bN)$となる．

2.14 GとG/Nの部分群の対応

第1同型定理の証明の応用として，次の結果を得る．NをGの正規部分群とする．
$$S := \{H \mid H \text{ は } N \text{ を含む } G \text{ の部分群}\},$$
$$\bar{S} := \{\bar{H} \mid \bar{H} \text{ は剰余群 } G/N \text{ の部分群}\}$$
とおく．写像
$$f: S \to \bar{S}, \quad H \longmapsto \pi(H),$$
$$g: \bar{S} \to S, \quad \bar{H} \longmapsto \pi^{-1}(\bar{H})$$
を考える．ここで，$\pi: G \to G/N$は自然な写像を表わす．

このとき，$g \circ f = \mathrm{Id}_S, f \circ g = \mathrm{Id}_{\bar{S}}$が成り立つ．つまり，部分群の集合$S, \bar{S}$は$\pi: G \to G/N$を通じて自然に同一視される．

3. 環および体

代数学では様々な対象の演算を扱う．例えば整数，実数，複素数などの数，多項式，行列，関数などである．これらを統一的に研究することができれば，非常に便利である．

3.1 環

定義 3.1 集合 R には和 $+$ と積 $\cdot$ とよばれる2つの演算が定義されていて，次の条件をみたしているとき，R は環であるという．

I. 加法の法則

R の任意の2つの元 a, b に対して和 $a+b$ が定義されており，和に関して加法群になる．

(ⅰ) a, b, c を R の任意の3つの元とすると，
$$a+(b+c)=(a+b)+c.$$

(ⅱ) a, b を R の任意の2つの元とすると，
$$a+b=b+a.$$

(ⅲ) R の元 0 が存在して，R の任意の元 a に対して，
$$a+0=0+a=a.$$

(ⅳ) R の任意の元 a について，$-a \in R$ が存在して，
$$a+(-a)=(-a)+a=0.$$

II. 乗法の法則

R の任意の2元 a, b に対して，積とよぶ元 $a \cdot b \in R$ が定義されており，次の結合法則をみたす．

(ⅰ) R の任意の3つの元 a, b, c に対して，結合法則
$$a \cdot (b \cdot c)=(a \cdot b) \cdot c$$
が成り立つ．

III．分配法則

加法と乗法は次の分配法則とよぶ次の条件をみたす．a, b, c を R の任意の3つの元とすると，
（i）$a \cdot (b+c) = a \cdot b + a \cdot c$,
（ii）$(b+c) \cdot a = b \cdot a + c \cdot a$
が成り立つ．

さらに，乗法に関して，交換法則とよぶ次の条件をみたすとき，環 R は可換であるという．

R の任意の2つの元 $a, b \in R$ に対して
$$a \cdot b = b \cdot a$$
が成り立つ．

3.2 記号についての注意

積 $a \cdot b$ を単に ab を書くこともある．

$a+(-b)$ を $a-b$, $(-a)+b = -a+b$ と書くこともある．このとき，
$$(a-b)-c = (a-c)-b$$
が成り立つことに注意しておく．実際に，
$$(a-b)-c = (a+(-b))+(-c) = a+((-b)+(-c))$$
$$= a+((-c)+(-b)) = (a+(-c))+(-b) = (a-c)-b$$
である．

また $-(-a) = a$ である．

群の元の累乗について注意したように一般に可換とは限らない群 G において，$(a^{-1})^{-1} = a^{(-1) \cdot (-1)} = a$ である．これは，加法群の場合，上の最後の等式である．

例 3.1 整数全体のなす集合 $\mathbb{Z}$，有理数全体のなす集合 $\mathbb{Q}$，実数全体のなす集合 $\mathbb{R}$，複素数全体のなす集合 $\mathbb{C}$ は通常の和と積によって可換環となる．

また正の整数 n について，
$$M_n(\mathbb{R}):=\{A \mid A \text{ は実 } n \text{ 次正方行列}\}$$
と定義すると，行列の和，積に関して $M_n(\mathbb{R})$ は環となる．環 $M_n(\mathbb{R})$ を $\mathbb{R}$ 上の完全行列環とよぶ．$n \geq 2$ ならば，環 $M_n(\mathbb{R})$ は可換ではない．

幾何学，解析学に関係して多くの環が出現する．x を変数とする実係数多項式全体のなす集合を $\mathbb{R}[x]$ で表わす．多項式の和，積によって，$\mathbb{R}[x]$ は可換環となる．

開区間 $I=(a, b)$，$a<b$ を考える．$R(I)$ で I 上の関数全体を表わせば，関数の通常の和，積に関して $R(I)$ は可換環となる．

関数全体を連続関数全体，あるいは微分可能関数全体にかえても可換環になる．

さらに一般に集合 S の上の $\mathbb{R}$ に値を持つ関数全体は可換環となる．

非可換環における演算について注意が必要であるが，次に示すように一般に成り立つ公式もある．

補題 3.1 a, b を環 R の 2 つの元とする．このとき，(i) $a(-b)=(-a)b=-ab$ である．また，(ii) $0a=a0=0$ である．

証明 (ii) を示す．$0a=(0+0)a$ であるので，$0a=0a+0a$．この両辺に $-0a$ を加えて，$0=0a$ をえる．$a0=0$ も同様に証明できる．

(i) を示す．$0=0b=(a+(-a))b=ab+(-a)b$．したがって，$0=ab+(-a)b$．この両辺に $-ab$ を加えて，$-ab=(-a)b$．$a(-b)=-ab$ も同様に証明できる．

系 3.1 a, b, c を環 R の 3 つの元とすると,
$$a(b-c) = ab - ac, \quad (b-c)a = ba - ca.$$

証明 実際，補題 3.1 の公式 (i) により $a(b-c) = a(b+(-c)) = ab + a(-c) = ab - ac$. 第 2 の等式の証明も同様にしてできる.

定義 3.1 $a \neq 0, b \neq 0$ を環 R の元とする. $ab = 0$ が成り立つとき, a, b を零因子とよぶ.

3.3 単位要素

環 R の要素 e が存在して, R の任意の元 a について, $ea = ae = a$ が成り立つとき, e を環 R の単位要素, または単位元という. 本来単位元 e は数字 1 と区別するべきであるが, 単位元 e を 1 と書くことも多い.

定義 3.2 可換環 R が次の条件をみたすとき, 可換環 R は整域であるという.
1. R には零因子が存在しない.
2. R には単位元が存在する.
3. R は 0 以外の元を含む.

例 3.2 環 $\mathbb{Z}, \mathbb{Q}, \mathbb{R}, \mathbb{C}$ はすべて整域である. さらにそれらを係数とする 1 変数多項式環 $\mathbb{Z}[x], \mathbb{Q}[x], \mathbb{R}[x], \mathbb{C}[x]$ も整域である.

例 3.3 完全行列環 $M_n(\mathbb{R})$ においては, n 次単位行列 I_n が単位元である. $n \geq 2$ であるなら環 $M_n(\mathbb{R})$ には零因子が存在する. 例えば, $n = 2$ ならば

$$a = \begin{bmatrix} 0 & 1 \\ 0 & 0 \end{bmatrix}, \quad b = \begin{bmatrix} 0 & 1 \\ 0 & 0 \end{bmatrix}$$

とすれば，$a \neq 0, b \neq 0$ であり，$ab = 0$ である．

例 3.4 例 3.1 で扱った可換環の例，

$$R(I) = \{f : I \to \mathbb{R} \mid f \text{ は開区間 } (a, b) \text{ 上の関数}\}$$

を考えよう．値 1 を常にとる実数関数 $\varphi : I \to \mathbb{R}$，つまり任意の $x \in I$ について，$\varphi(x) = 1$ を考えると，φ は環 $R(I)$ の単位元である．しかし，環 $R(I)$ は整域ではない．例えば次のような $f, g \in R(I)$ を考える．

$$f(x) = \begin{cases} 0, & x \neq \dfrac{a+b}{2}, \\ 1, & x = \dfrac{a+b}{2} \end{cases}$$

$$g(x) = \begin{cases} 1, & x \neq \dfrac{a+b}{2}, \\ 0, & x = \dfrac{a+b}{2} \end{cases}$$

$f \neq 0, g \neq 0$ であるが $fg = 0$ である．

この例は，集合の上の関数のなす可換環を考えると単位元は持つが，零因子も持つことを示している．零因子を除外するためには正則関数のように堅い関数に限る必要がある．次の例が参考になるであろう．原点を中心とする開円板

$$D := \{z \in \mathbb{C} \mid |z| < 1\}$$

を考える．

$$\mathcal{O}(D) := \{f : D \to \mathbb{C} \mid f \text{ は } D \text{ 上の正則関数}\}$$

とおく．開区間 $I = (a, b)$ 上の関数の環 $R(I)$ の場合と同じ理由により，$\mathcal{O}(D)$ は単位元を持つ可換環になる．ところが，正則関数には一致の定理が成り立つことから，$\mathcal{O}(D)$ は整域となる．

3.4 斜体と体

定義 3.3 環 R の 0 以外の元全体 $R^* = R \backslash \{0\}$ が乗法に関して群をなすとき，R は斜体であるという．

この条件を具体的に書けば，次のようになる．

1. 環 R には単位元 e が存在する．
2. R の 0 と異なる任意の元 a に対して，$a^{-1} \in R$ が存在して，$a^{-1}a = aa^{-1} = e$．

可換な斜体を体という．

有理数全体のなす環 $\mathbb{Q}$，実数全体のなす環 $\mathbb{R}$，複素数全体のなす環 $\mathbb{C}$ は体である．

3.5 部分環

環 R の部分集合 S が，R の和，積によって環となるとき S は環 R の部分環であるという．

和，積に関する結合律は R の中で成立しているので，部分集合 S が部分環であるための条件を具体的に書けば次のようになる．

1. $a, b \in S$ ならば和 $a+b \in S$，積 $a \cdot b \in S$．
2. $0 \in S$．
3. $a \in S$ ならば $-a \in S$．

3.6 環準同型写像 1

環 R_1 から R_2 への写像 $f: R_1 \to R_2$ が次の条件（∗）をみたすとき，写像 f は環準同型写像であるという．

(1) 環 R_1 の任意の 2 つの元 $a, b \in R_1$ について，

$$f(a+b) = f(a) + f(b), \quad f(ab) = f(a)f(b) \qquad (*)$$
が成り立つ.

　$f: R_1 \to R_2$ を環準同型とすれば，f による R_1 の像 $f(R_1)$ は環 R_2 の部分環である.

　$f: R_1 \to R_2$ は加法の準同型写像であるので $f(R_1)$ は加法群 R_2 の部分加法群である．また $a', b' \in f(R_1)$ とすると，定義より，$a, b \in R_1$ が存在して，$a' = f(a)$, $b' = f(b)$ となる．このとき，$a'b' = f(a)f(b) = f(ab)$ であるので，$a'b' \in f(R_1)$.

　同様にして，次の結果を得る．

　$f: R_1 \to R_2$ を準同型とする．$S' \subset R_2$ を環 R_2 の部分環とすれば，$f^{-1}(S') \subset R_1$ は環 R_1 の部分環である.

　以下，主として考えるのは環 R_1, R_2 が各々単位元 e_1, e_2 を持つ可換環の場合である．この場合は準同型写像 $f: R_1 \to R_2$ は上の条件 $(*)$ に加えて，
(2) $f(e_1) = e_2$
をみたすものとする．

4. 有理整数環 $\mathbb{Z}$ の合同式とイデアル

　次の問題を考えよう．

問題　整数 a は 7 で割ると 3 余り，整数 b は 7 で割ると 4 余るとする．このとき，積 ab を 7 で割ると余りはいくつになるか．

答えは次のようにして求まる．例えば $a=3$, $b=4$ となる特別な場合を考える．このとき，$ab=12=7+5$ であるので，12 を 7 で割ると余りは 5 である．$a=3$, $b=4$ である特別な場合だけでなく，常に ab を 7 で割ると余りは 5 である．

　高校生なら次のように考えるであろう．a は 7 で割って 3 余るのだから，整数 m が存在して
$$a = 7m+3 \quad (*)$$
と書ける．同様にして，整数 n が存在して，
$$b = 7n+4 \quad (**)$$
と書ける．$(*)$, $(**)$ より
$$ab = (7m+3)(7n+4) = 49mn+28m+21n+12$$
$$= (49mn+28m+21n+7)+5$$
$$= 7(7mn+4m+3n+1)+5$$
であり，$7(7mn+4m+3n+1)$ は 7 の倍数であるので，ab を 7 で割った余りは 5 である．

　これは次の原理に基づいている．7 の倍数全体を I と書くことにする．記号で書けば，
$$I = \{7m \mid m \in \mathbb{Z}\} = \{0,\ \pm 7,\ \pm 14,\ \cdots\}$$
である．I は有理数全体の集合 $\mathbb{Z}$ の部分集合である．

　I は次の性質を持っている．

(I1) $a, b \in I$ ならば $a+b$, $a-b \in I$.

(I2) $m \in \mathbb{Z}$, $a \in I$ ならば $ma \in I$.

高級な言葉を用いれば，I が条件 (I1), (I2) をみたすということは，$\mathbb{Z}$ の部分集合 I がイデアルであると表現できる．このことは後に一般的な設定で学ぶ．5. 剰余環と合同式参照．

　さて，$a, b \in \mathbb{Z}$ として，$a-b \in I$ のとき，つまり，$a-b$ が 7 で割り切れるとき
$$a \equiv b \mod I \quad (\dagger)$$

または
$$a \equiv b \mod (7) \qquad (\dagger\dagger)$$
と書くことにする．等式($\dagger$), ($\dagger\dagger$)をIを法とする合同式とよぶ．あるいは，整数a, bは7を法として合同であるという．

合同式の性質を調べよう．まず，整数a, bの関係
$$a \equiv b \mod I$$
は同値関係である．つまりa, b, cを整数とすると次が成り立つ．
1. $a \equiv a \mod I$ である．
2. $a \equiv b \mod I$ ならば $b \equiv a \mod I$ である．
3. $a \equiv b \mod I$, $b \equiv c \mod I$ ならば，$a \equiv c \mod I$ である．

1, 2が成り立つことは自明である．3については，$a-b \in I$, $b-c \in I$ であるならば，上の性質(I1)によりその和 $a-c = (a-b)+(b-c) \in I$ であるからである．

補題 4.1 m, a, b, a', b' を整数とする．
(1) $a \equiv b \mod I$ ならば $ma \equiv mb \mod I$.
(2) $a \equiv a' \mod I$, $b \equiv b' \mod I$ とすれば $a+a' \equiv b+b' \mod I$ である．

証明 (1)については，$ma - mb = m(a-b)$．一方 $a-b \in I$ と仮定しているので，(I2)より $m(a-b) \in I$．よって，$ma - mb = m(a-b) \in I$．したがって
$$ma \equiv mb \mod I$$
である．

(2)については，仮定から，$c := a-a' \in I$, $d := b-b' \in I$ とおくことができる．

(I1)より，$I \ni c+d = (a-a')+(b-b') = (a+b)-(a'+b')$.
したがって，
$$a+b \equiv a'+b' \mod I$$
である．

補題 4.2 a, a', b, b' を整数とする．
$a \equiv a'$, $b \equiv b' \mod I$ ならば，$ab \equiv a'b' \mod I$ である．

証明 $a \equiv a' \mod I$ であるので補題 4.1(1) より
$$ab \equiv a'b \mod I. \qquad (*)$$
また，$b \equiv b' \mod I$ であるので同様にして，
$$a'b \equiv a'b' \mod I. \qquad (**)$$
$(*), (**)$ より
$$ab \equiv a'b \equiv a'b' \mod I$$
である．

補題 4.1, 4.2 は 2 つの合同式が与えられたとき，その各辺を足しても，掛けても合同式が成り立つことを示している．

最初の問題を考えよう．仮定は
$$a \equiv 3 \mod I, \qquad (\dagger)$$
$$b \equiv 4 \mod I \qquad (\dagger\dagger)$$
である．合同式$(\dagger), (\dagger\dagger)$の両辺を掛けて
$$ab \equiv 12 \equiv 5 \mod I.$$
整数全体 $\mathbb{Z}$ を I を法とする同値類に分類すると
$$\mathbb{Z} = I \cup (1+I) \cup (2+I) \cup \cdots \cup (6+I)$$
となる．ここで，

$$I = \{7n \mid n \in \mathbb{Z}\},$$
$$1+I = \{1+7n \mid n \in \mathbb{Z}\},$$
$$2+I = \{2+7n \mid n \in \mathbb{Z}\},$$
$$\cdots$$
$$6+I = \{6+7n \mid n \in \mathbb{Z}\}$$

であるので，整数全体を 7 で割った余り，剰余によって分類することに他ならない．

群の言葉を使えば，I は加法群 $\mathbb{Z}$ の正規部分群であり，上の分解は剰余群 $\mathbb{Z}/I$ を考えることに他ならない．

さらに，$\mathbb{Z}/7\mathbb{Z} = \mathbb{Z}/I$ における 2 つの剰余類 $a+I$, $b+I$ の積を
$$(a+I)\cdot(b+I) = ab+I$$
と定義することにより $\mathbb{Z}/I$ は環となることを示している．

また自然な写像
$$f : \mathbb{Z} \to \mathbb{Z}/I, \quad a \mapsto a+I$$
は環の準同型写像である．

実際に，2 つの整数 $a, b \in \mathbb{Z}$ について，
$$f(ab) = ab+I = (a+I)(b+I) = f(a)f(b),$$
$$f(a+b) = (a+b)+I = (a+I)+(b+I) = f(a)+f(b)$$
である．

上の観察をさらに進めれば次のことが分かる．d を整数とすると，大切なのは，d の倍数全体のなす集合
$$I = d\mathbb{Z} = \{md \mid m \in \mathbb{Z}\} = \{0, \pm d, \pm 2d, \cdots\}$$
の持つ次の性質である．

(I1) I は加法群 $\mathbb{Z}$ の部分群である．つまり，I の中で足し算と，引き算ができる．

(I2) $m \in \mathbb{Z}$, $a \in I$ とすれば，$ma \in I$ である．

$d = 7$ の場合と同様にして a, b を整数として，$a - b \in I$ であ

るとき
$$a \equiv b \mod I$$
あるいは
$$a \equiv b \mod (d)$$
と書くことにする．

この性質(I1), (I2)だけから，
$$a \equiv b \mod I, \quad a' \equiv b' \mod I$$
ならば
$$a + a' \equiv b + b' \mod I,$$
$$aa' \equiv bb' \mod I$$
であることが導けるのである．

自然に次の疑問がわく．

疑問 それならば $\mathbb{Z}$ の部分集合 I で条件(I1), (I2)をみたすものを考えるのがより自然であるはずだ．

答 その通りである．

ただし，性質(I1), (I2)をみたす $\mathbb{Z}$ の部分集合は，整数 d の倍数全体のなす集合
$$I = d\mathbb{Z} = \{0, \pm d, \pm 2d, \cdots\}$$
の形のものに限られてしまう．

命題の形にしておこう．

命題 4.1 $\mathbb{Z}$ の部分集合 I に関する次の条件は同値である．
1. I は条件(I1), (I2)をみたす．
2. 整数 d があって
$$I = d\mathbb{Z} = \{0, \pm d, \pm 2d, \cdots\}.$$

証明 $2 \Rightarrow 1$ であることは自明であるので $1 \Rightarrow 2$ を示す．$I = \{0\}$ のときは，$d = 0$ とすればよいので，$I \neq 0$ と仮定する．このとき，$a \in I$ ならば，$-a \in I$ であるので，$\mathbb{Z}$ の部分集合 I は正の整数を含む．

$a \in I, a > 0$ である最小の元を d とする．$I = d\mathbb{Z}$ であることを示す．$a \in I$ とすれば a を d で割った余り r を考えると，
$$a = md + r, \quad r \in \mathbb{Z},$$
$r = 0$，または $0 < r \leq d-1$ と書ける．
$r = 0$ を示す．仮に $r \neq 0$ であれば，
$$a - md = r.$$
$d \in I$ であるので，(I2) により $md \in I$．しかも $a \in I$ であるので，(I1) により $a - md \in I$．
つまり，$r = a - md \in I$．$0 < r \leq d-1$ であるので，これは，d の選び方に反する．故に $r = 0$．つまり，$a = md$ である．まとめると，$a \in I$ ならば $a \in d\mathbb{Z}$ であることを示した．よって，$I \subset d\mathbb{Z}$ である．

一方，$d \in I$ であるので，条件 (I2) により，任意の $m \in \mathbb{Z}$ について
$$md \in I.$$
以上より $I = d\mathbb{Z}$ である．

5. 剰余環と合同式

R を単位元 e をもつ可換環，I を R のイデアルとする．つまり，可換環 R の部分集合 I は次の条件をみたす．
(I1) I は環 R の加法部分群である．
(I2) $m \in R$, $a \in I$ とすれば $ma \in I$．

上の例 $R = \mathbb{Z}$, $I = 7\mathbb{Z}$ で見たように，剰余加法群 R/I に自然に環の構造が入る．つまり，$a, b \in R$ について，剰余類
$$a+I \quad と \quad b+I$$
の和，積を
$$(a+I)+(b+I) = (a+b)+I$$
$$(a+I)\cdot(b+I) = (ab)+I$$
と定める．このようにしてえられる環を環 R のイデアル I に関する剰余環とよび，R/I で表わす．

このとき，自然な環準同型
$$f: R \to R/I, \quad a \longmapsto a+I$$
が存在する．

剰余環 R/I は，有理整数環 $\mathbb{Z}$ における合同式を一般化したものである．

5.1　環準同型写像2

環準同型写像 $f: R_1 \to R_2$ についても，群の準同型写像と類似の定理が成り立つ．環はすべて，単位元をもつ可換環とする．

2つの環 R_1, R_2 を考える．環の準同型写像 $f: R_1 \to R_2$, $g: R_2 \to R_1$ が存在して，$g \circ f = \mathrm{Id}_{R_1}, f \circ g = \mathrm{Id}_{R_2}$ となるとき，環 R_1 と R_2 は同型であるという．また，f, g は同型写像であるという．

$f: R_1 \to R_2$ を環準同型写像とする．
$$\mathrm{Ker} f := f^{-1}(0) = \{a \in R_1 \mid f(a) = 0\}$$
を準同型写像 f の核という．

補題 5.1　$\mathrm{Ker} f \subset R_1$ は R_1 のイデアルである．

証明 $f: R_1 \to R_2$ は加法群の準同型写像であるので，$\mathrm{Ker} f$ は R_1 の加法部分群である．したがって，イデアルの条件(I1)をみたす．次に，$a \in R_1$, $b \in \mathrm{Ker} f$ とすれば $f(ab) = f(a)f(b) = f(a)0 = 0$ である．したがって，$ab \in \mathrm{Ker} f$ であって，$\mathrm{Ker} f$ は条件(I2)をみたす．

定理 5.1 $f: R_1 \to R_2$ を全射である環準同型写像とする．このとき，剰余環 $R_1/\mathrm{Ker} f$ と R_2 は自然に同型となる．

証明は群の第1同型定理に準じて行えばよいので省略する．

5.2 素イデアル

命題 5.1 R を単位元を持つ可換環，I を R のイデアルとする．次の条件は同値である．
(1) 剰余環 R/I は整域である．
(2) $a, b \in R$ であり，$a \notin I$, $b \notin I$ ならば $ab \notin I$ である．
  さらに $I \subsetneq R$ である．

証明 これらの条件は R/I が整域であることの定義そのものである．例えば (1) $\Rightarrow$ (2) を示すには，次のようにやればよい．R/I は 0 以外の元を含むので，$I \subsetneq R$ である．$a \notin I$, $b \notin I$ とすれば $a+I, b+I \in R/I$ は R/I の 0 と異なる R/I の元である．R/I には零因子が存在しないので，
$$0 \neq (a+I)(b+I) = ab+I \in R/I$$
したがって，$ab \notin I$．

定義 5.1 イデアル I が補題 5.1 の同値な条件をみたすとき，イデアル I は素イデアルであるという．

例 5.1 $\mathbb{Z}$ のイデアル $7\mathbb{Z}$ は素イデアルである．$7\mathbb{Z} \subsetneq \mathbb{Z}$ であるので(2)の最後の条件をみたしている．

$a, b \in \mathbb{Z}$ として，$a \notin 7\mathbb{Z}$, $b \notin 7\mathbb{Z}$ と仮定する．つまり，a も b も 7 で割り切れないとする．7 は素数であるので，積 ab も 7 で割り切れない．つまり，$ab \notin 7\mathbb{Z}$ である．

5.3 有理整数環 $\mathbb{Z}$ における素イデアル

命題 4.1 で示したように，有理整数環 $\mathbb{Z}$ における，イデアル I は 1 つの元から生成される．整数 d が存在して
$$I = (d) = d\mathbb{Z} = \{0, \pm d, \pm 2d, \cdots\}$$
となるのであった．

I が素イデアルであるための d に関する条件は次のようになる．

命題 5.2 $0 \neq I = (d) \subset \mathbb{Z}$ を有理整数環 $\mathbb{Z}$ の 0 と異なるイデアルとする．次の条件は同値である．

(1) I は素イデアルである．

(2) $|d|$ は素数である．

証明 仮定から $d \neq 0$ である．$d < 0$ ならば，d を $-d$ でとり換えることにより，$d > 0$ としてよい．

条件(2)は次のようになる．

(2′) d は素数である．

条件(1)，I は素イデアルであることを書き直す．I が素イデアルであることの定義から，a, b を整数とすると，

$$ab \in I \text{ ならば，} a \in I \text{ または } b \in I.$$

I は d の倍数全体であるので，このことは次のように表現できる．

ab が d の倍数であれば，a または b が d の倍数である．さらに別の表現をすれば，

積 ab が d で割り切れれば，a または b が d で割り切れると表現することもできる．

つまり条件 (1) は次のように言い換えることができる．

(1′) 整数 a, b に対して，積 ab が d で割り切れれば，a または b が d で割り切れる．さらに，$I \subsetneq \mathbb{Z}$ である．

条件 (1′) と (2′) が同値であることを示す．

(2′) が成り立つと仮定すれば，d は素数であるので (1′) が成り立つ．逆に (1′) が成り立つとする．$I \neq \mathbb{Z}$ なので，$d = 1$ ではない，と仮定できる．(2′) が成り立たなければ，つまり d が素数でなければ，

$$d = ab,$$

a, b は正の整数であって $2 \leq a, b \leq d - 1$ と仮定できる．

a, b の一方が d で割り切れる．これは $2 \leq a, b \leq d - 1$ に矛盾する．

一般の定義を一つ述べておく．

定義 5.2 R を単位元 $1 \neq 0$ を持つ可換環，$I \subsetneq R$ を R のイデアルとする．I を含む R のイデアルが，I 自身と R 全体に限るとき，イデアル I は R の極大イデアルであるという．

命題 5.3 有理整数環 $\mathbb{Z}$ の 0 でない素イデアル I は極大イデアルである．

証明 $I \subset J \subset \mathbb{Z}$ となるイデアルをとる．$I=(p)$, $J=(d)$, $p, d \in \mathbb{Z}$, p は素数とする．$p \in I \subset J$ であるので，$p \in (d)$

つまり，
$$p = md, \quad m \in \mathbb{Z}$$
と書ける．p は素数であるので，$|m|=1$，または $|d|=1$．$|m|=1$ なら $(p)=(d)$ であり $I=J$，$|m|=p$ なら $|d|=1$ であり $J=(d)=\mathbb{Z}$．つまり，$I=J$ であるか $J=\mathbb{Z}$ である． ∎

命題 5.4 R を単位元 $1 \neq 0$ を持つ可換環，$I \subsetneq R$ を R のイデアルとする．I に関する次の条件は同値である．
1. I は R の極大イデアルである．
2. R/I は体である．

証明 2.14 で示した方法により，次のことが示せる．
$$S := \{J \mid J は I を含む R のイデアル\},$$
$$\overline{S} := \{\overline{J} \mid \overline{J} は剰余環 R/I のイデアル\}$$
とおく．$\pi: R \to R/I$ を自然な準同型写像とする．

写像
$$f: S \to \overline{S}, \quad J \longmapsto \pi(J),$$
$$g: \overline{S} \to S, \quad \overline{J} \longmapsto \pi^{-1}(\overline{J})$$
を考える．このとき，$g \circ f = \mathrm{Id}_S$, $f \circ g = \mathrm{Id}_{\overline{S}}$ が成り立つ．イデアルの集合 $S, \overline{S}$ は $\pi: R \to R/I$ を通じて自然に同一視される．

これにより，命題 5.4 は次の命題の言い換えにすぎない．

命題 5.5 $0 \neq R$ を単位要素 1 を含む可換環とする．このとき，次の条件は同値である．

(1) R のイデアルは 0 と R 自身に限る．つまり，0 イデアルは R の極大イデアルである．
(2) R は体である．

証明 (2)が成り立つと仮定する．$I \subset R$ を 0 と異なるイデアルとする．$I \neq 0$ であるので，$0 \neq a \in I$ をとることができる．R は体であると仮定しているので，$a' \in R$ が存在して，$a'a = 1$ とできる．したがって $a \in I$ であるので，$I \ni a'a = 1$．
任意の元 $b \in R$ について，$b = b1 \in I$．つまり，$I = R$．

逆に(1)を仮定する．$R^* = R \setminus \{0\}$ が積に関して群になることを示す必要がある．そのためには 0 と異なる任意の元の逆元が存在することを示せばよい．$0 \neq a \in R$ をとる．イデアル Ra を考えると，仮定から $0 \neq Ra$ であるので，$Ra = R$．特に $1 \in R = Ra$ であるので，$a' \in R$ が存在して，$1 = a'a$ と書ける．つまり，元 a の逆元 a' が存在する．

命題 5.3, 5.4 より，次のように結論できる．
有理整数環 $\mathbb{Z}$ の 0 と異なる素イデアルは，素数 $p \in \mathbb{Z}$ から生成されるイデアル (p) に限る．そのとき剰余環 $\mathbb{Z}/(p) = \mathbb{Z}/p\mathbb{Z}$ は体である．

5.4 体上の1変数多項式環

x を変数とする体 K 上の1変数多項式環 $K[x]$ を考える．整域 $K[x]$ は有理整数環 $\mathbb{Z}$ と似たような性質を持っている．
(1) $K[x]$ のすべてのイデアル I は1つの多項式 $f(x)$ から生成される．つまり，
$$I = (f(x)) = \{f(x)a(x) \mid a(x) \in K[x]\}$$

となる．

(2) 0と異なる $K[x]$ のイデアル I が素イデアルとなる条件は既約多項式 $f(x)$ が存在して $I=(f(x))$ となることである．

(3) P を 0 と異なる $K[x]$ の素イデアルとすると，剰余環 $K[x]/P$ は体である．

これらの結果の証明は，$\mathbb{Z}$ の場合と同様にできる．$\mathbb{Z}$ においては，0と異なる整数 $a\in\mathbb{Z}$ をとる．このとき，任意の整数 b を a によって割り算をし，その余り r を小さくすることができた．つまり，整数 m が存在して

$$b = ma + r, \quad 0 \leq r < |a|$$

とできる．

多項式 $K[x]$ においても，0と異なる多項式 $a(x)\in K[x]$ をとる．このとき，任意の多項式 $b(x)\in K[x]$ を多項式 $a(x)$ で割って，余り $r(x)$ の次数を $a(x)$ の次数より下げることができる．つまり，多項式 $m(x)$ が存在して，

$$b(x) = m(x)a(x) + r(x),$$

ここで，$r(x)=0$ であるか，または $r(x)\neq 0$ であって $\deg r(x) < \deg a(x)$ である．$\deg f(x)$ は多項式 $f(x)$ の次数と表わすものとする．

この割り算を用いて，$\mathbb{Z}$ の場合すべての結果がえられたのであった．全く同じ方法により，多項式環においても同様の結果(1),(2),(3)が証明できるのである．

体 K 上の多項式環 $K[x]$ において，多項式 $f(x)$ から生成されるイデアル

$$I := (f(x))$$
$$= f(x)K[x]$$
$$= \{g(x)f(x) \mid g(x) \in K[x]\}$$

を考える．つまり，I は $f(x)$ で割り切れる多項式全体である．

有理整数環 $\mathbb{Z}$ の場合と同様にして，多項式 $a(x), b(x) \in K[x]$ に関する次の条件は同値であることが証明できる．

(1) $a(x) \equiv b(x) \mod (f(x))$.

(2) $a(x) - b(x) \in (f(x))$.

(3) 多項式 $a(x) - b(x)$ は多項式 $f(x)$ で割り切れる．

したがって，剰余環 $K[x]/(f(x))$ における加法，乗法は，多項式 $f(x)$ に関する剰余を用いて行えばよい．

特別な場合で具体的に説明する．

例 5.2 有理数体 $\mathbb{Q}$ 上の 1 変数多項式環 $R = \mathbb{Q}[x]$ を考える．多項式 $f(x) = x^2 + 1 \in R$ の生成するイデアル $I = (f(x))$ をとる．

多項式 $a(x) \in \mathbb{Q}[x]$ を考えると，2 次式 $f(x) = x^2 + 1$ で割った余りを $r(x)$ とすると
$$a(x) = p(x)f(x) + r(x)$$
と書ける．ここで，$p(x) \in \mathbb{Q}[x]$，剰余 $r(x) \in \mathbb{Q}[x]$ は高々 1 次式である．
$$r(x) = \lambda + \mu x, \quad \lambda, \mu \in \mathbb{Q}$$
である．つまり
$$a(x) \equiv \lambda + \mu x \mod I.$$

以上より
$$R/I = \{(\lambda + \mu x) + I \mid \lambda, \mu \in \mathbb{Q}\}.$$
2 つの 1 次式 $\lambda + \mu x,\ \lambda' + \mu' x,\ \lambda, \lambda', \mu, \mu' \in \mathbb{Q}$ の和，積の計算

は $\mod(x^2+1)$ に関する合同式に基づいて行えばよい．
つまり，加法については，
$$(\lambda+\mu x)+(\lambda'+\mu' x) \equiv (\lambda+\lambda')+(\mu+\mu')x \qquad (*)$$
であり，乗法については，$x^2 \equiv -1 \mod I$ であるので，
$$\begin{aligned}(\lambda+\mu x)(\lambda'+\mu' x) &\equiv \lambda\lambda'+(\lambda\mu'+\lambda'\mu)x+\mu\mu' x^2 \\ &\equiv \lambda\lambda'+(\lambda\mu'+\lambda'\mu)x-\mu\mu' \\ &\equiv (\lambda\lambda'-\mu\mu')+(\lambda\mu'+\lambda'\mu)x \qquad (**)\end{aligned}$$
である．

$(*), (**)$ は剰余環 $\mathbb{Q}[x]/(x^2+1)$ が体 $\mathbb{Q}(i) = \{\lambda+\mu\sqrt{-1} \in \mathbb{C} \mid \lambda, \mu \in \mathbb{Q}\}$ と同一視できることを示している．

この論法は次のように一般化できる．

体 K 係数の 1 変数多項式環 $K[x]$ を考える．$f(x) \in K[x]$ を $n \geq 1$ 次多項式とする．$f(x)$ から生成されるイデアル $I = (f(x)) \subset K[x]$ による剰余環 $K[x]/I$ の K-ベクトル空間としての次元は n である．さらに，$f(x)$ が既約多項式ならば剰余環 $K[x]/I$ は体である．

5.5 商体

有理整数環，つまり整数全体のなす環 $\mathbb{Z}$ から有理数体 $\mathbb{Q}$ を作る操作は，次のように一般化される．

R を整域とする．R から R の商体とよぶ体 $Q(R)$ を構成する．まず集合
$$S = \{(a, b) \in R \times R \mid b \neq 0\}$$
を考える．S の 2 つの元 $(a, b), (c, d) \in S$ に対して，$ad = bc$ のとき関係 $(a, b) \sim (c, d)$ が成り立つと定義する．まず，この関係は

同値関係であることに注意する．そのためには，次の3つの条件を確める必要がある．

(1) $(a, b) \sim (a, b)$.
(2) $(a, b) \sim (c, d)$ ならば $(c, d) \sim (a, b)$.
(3) $(a, b) \sim (c, d)$, $(c, d) \sim (e, f)$ ならば $(a, b) \sim (e, f)$

である．

(1) は $ab = ba$ であるから成り立つ．(2) については，$ad = bc$ ならば $cb = da$ であるので成り立つ．(3) については，$ad = bc$, $cf = de$ であれば，可換環であるので，

$$0 = (ad - bc)df + (cf - de)bd = ad^2f - bd^2e$$
$$= d^2(af - be).$$

R は整域であり，$d^2 \neq 0$ であるので，$af - be = 0$. つまり $af = be$. したがって，定義より $(a, b) \sim (e, f)$ である．

集合 S のこの同値関係 $\sim$ による同値類全体のなす集合を $Q(R)$ で表わすことにする．つまり，

$$S/\sim\, = Q(R)$$

である．

S の元 (a, b) の表わす同値類を

$$\frac{a}{b}$$

と書くことにする．即ち，

$$\frac{a}{b} = \{(c, d) \in S \mid ad = bc\}$$

である．イメージとしては

$$\frac{a}{b}$$

は b 分の a を意味する．容易に想像がつくように，

$$\frac{a}{b}, \frac{c}{d} \in Q(R)$$

の和，積を
$$\frac{a}{b}+\frac{c}{d}=\frac{ad+bc}{bd}, \quad \frac{a}{b}\cdot\frac{c}{d}=\frac{ac}{bd}$$
により定める．この演算が意味を持つことを示さなくてはならない．つまり，$\frac{a}{b}=\frac{a'}{b'}$，$\frac{c}{d}=\frac{c'}{d'}$ であるならば，
$$\frac{a}{b}+\frac{c}{d}=\frac{ad+bc}{bd}=\frac{a'd'+b'c'}{b'd'}=\frac{a'}{b'}+\frac{c'}{d'} \qquad (*)$$
であること
$$\frac{ac}{bd}=\frac{a'c'}{b'd'}$$
であることである．（*）においては，両端の等号は定義であり，中央の等号を確かめなければならない．

次に，加法，乗法についての結合法則，分配法則，ならびに加法が可換であることを確かめなければならないが，すべて機械的な計算でできるので省略する．

5.6 拡大体，部分体

体 L を考える．体 L の部分集合 K が，体 L の和，積に関して体となるとき K は L の部分体であるという．あるいは，体 L は体 K の拡大体であるといい，L/K で表わす．

体 L の部分集合 S が与えられたとき，体 K と S を含む L の最小の部分体を
$$K(S)$$
で表わす．部分体 $K(S)$ を S によって K 上生成される体あるいは体 K に集合 S を付加した体とよぶ．

S が有限集合 $\{a_1, a_2, \cdots, a_n\}$ であるとき，$K(S)$ を $K(a_1, a_2, \cdots, a_n)$ で表わす．このとき，体 $K(S)$ は K 上有限生成であるという．

例 5.3
$L = \mathbb{C} \supset K = \mathbb{Q}$ とする．このとき，
$$\mathbb{Q}(i) = \{a + bi \mid a, b \in \mathbb{Q}\}$$
である．

実際に，$a, b \in \mathbb{Q}$ ならば $\mathbb{Q}(i)$ の定義より，$a, b, i \in \mathbb{Q}(i)$ であるので，$a + bi \in \mathbb{Q}(i)$ である．したがって，$\{a+bi \mid a,b \in \mathbb{Q}\} \subset \mathbb{Q}(i)$ である．逆に，$\{a+bi \mid a,b \in \mathbb{Q}\}$ は $\mathbb{Q}, i$ を含み，さらに，体であることを例 5.2 で示したので
$$Q(i) \subset \{a+bi \mid a,b \in \mathbb{Q}\}$$
である．以上より，$Q(i) = \{a+bi \mid a,b \in \mathbb{Q}\}$．

拡大体 L/K を考える．S_1, S_2 を L の部分集合とすれば
$$K(S_1 \cup S_2) = K(S_1)(S_2)$$
である．

特に，有限拡大 $K(a_1, a_2, \cdots, a_n)$ は，順次 a_i を付加することによって，
$$K \subset K(a_1) \subset K(a_1, a_2) \subset \cdots \subset K(a_1, a_2, \cdots, a_n)$$
が得られるので，単純拡大とよばれる，唯一の元 a によって生成される拡大 $K(a)/K$ を考えよう．
$$K[a] := \left\{ \sum_{\text{有限和}} c_i a^i \in L \,\middle|\, c_i \in K \right\} \subset L$$
とおくと，$K[a]$ は L の部分環であり，$K \subset K[a]$ である．

さて，可換環 $K[a]$ と x を変数とする K 上の1変数多項式環 $K[x]$ を比較しよう．変数 x に a を代入することにより，全射環準同型写像
$$\pi : K[x] \to K[a], \quad f(x) \longmapsto f(a)$$
をえる．

この全射準同型写像の核を I と書けば，第1同型定理によって，環同型写像

$$K[x]/I \simeq K[a] \qquad (*)$$

を得る．$K[a] \subset L$ であり，L は体であるので，$K[a]$ は整域である．したがって，I は素イデアルである．

核の定義より
$$I = \{f(x) \in K[x] \mid 0 = \pi(f(x)) = f(a)\}$$
である．つまり，核 I は $x = a$ を解とする K-係数の多項式 $f(x)$ 全体である．

ここで 2 つの場合が生じる．

I．$I = 0$ 場合．

II．$I \neq 0$ の場合．

I の場合，$(*)$ より $K[x] \simeq K[a]$ である．つまり $K[a]$ は K 上の 1 変数多項式環に他ならない．したがって，$K(a)$ はその商体である 1 変数有理関数体 $K(x)$ と同型である．

II の場合を考える．

補題 5.2 $0 \neq \varphi(x) \in K[x]$ を I に属する 0 と異なる多項式で，次数最小のものとする．このとき，
$$I = (\varphi(x))$$
である．ここで，$(\varphi(x))$ は多項式 $\varphi(x) \in K[x]$ から生成される $K[x]$ のイデアルである．つまり，
$$(\varphi(x)) = \{g(x)\varphi(x) \mid g(x) \in K[x]\}$$
である．

証明 $I \ni \varphi(x)$ であり，I はイデアルであるので，$I \supset (\varphi(x))$．逆に $f(x) \in I$ とすれば，$0 = \pi(f(x)) = f(a)$ である．$f(x) \in (\varphi(x))$ を示す．$f(x)$ を $\varphi(x)$ で割り算をし余り $r(x)$ を考えることにより
$$f(x) = g(x)\varphi(x) + r(x). \qquad (*)$$

ここで, $g(x), r(x) \in K[x]$ である. さらに $r(x) = 0$ であるか, $r(x) \neq 0$ であって

$$\deg r(x) < \deg \varphi(x)$$

と仮定できる. $r(x) = 0$ ならば $f(x) = g(x)\varphi(x)$ となって $f(x) \in (\varphi(x))$ となるので, $r(x) \neq 0$ と仮定してよい. このとき

$$\deg r(x) < \deg \varphi(x) \quad (**)$$

である. さて, (*) に $x = a$ を代入すると,

$$0 = f(a) = g(a)\varphi(a) + r(a) = g(a)0 + r(a) = r(a).$$

したがって, $r(x) \in I$. これは (**) により $\varphi(x)$ のとり方に矛盾する. したがって, $r(x) \neq 0$ とはならない.

補題 5.3 II の条件のもとで, $K[a] \supset J$ を可換環 $K[a]$ のイデアルとすれば, $J = 0$ であるか, あるいは $J = K[a]$ である.

証明 $\pi^{-1}(J) = \widetilde{J}$ とおけば, $\widetilde{J} \subset K[x]$ は多項式環 $K[x]$ のイデアルであり

$$I \subset \widetilde{J} \subset K[x]$$

である. $I = \widetilde{J}$ あるいは $\widetilde{J} = K[x]$ であることを示せばよい. $0 \neq \psi(x) \in \widetilde{J}$ をイデアル $\widetilde{J}$ の 0 と異なる多項式であって次数最小のものとする. 上と同じ論法によって

$$\widetilde{J} = (\psi(x)) = \{h(x)\psi(x) \mid h(x) \in K[x]\}$$

を結論できる. さて,

$$\varphi(x) \in I \subset \widetilde{J} = (\psi(x))$$

であるので

$$\varphi(x) = h(x)\psi(x), \quad h(x) \in K[x] \quad (*)$$

と書ける. ここで $x = a$ を代入すれば

$$0 = \varphi(a) = h(a)\psi(a) \in L$$
であるので，$h(a) = 0$，または $\psi(a) = 0$.
$h(a) = 0$ ならば $h(x) \in I = (\varphi(x))$ であり，
$$h(x) = u(x)\varphi(x), \quad u(x) \in K[x]$$
となる．(∗) より
$$\varphi(x) = u(x)\varphi(x)\psi(x),$$
$$\varphi(x)(1 - u(x)\psi(x)) = 0.$$
ここで，例 3.2 より体 K 上の多項式環 $K[x]$ は整域である．$0 \neq \varphi(x) \in K[x]$ であるので，
$$1 - u(x)\psi(x) = 0$$
これより，$(\psi(x)) = (1) = K[x]$.

$\psi(a) = 0$ ならば $\psi(x) \in I$. よって $(\psi(x)) \subset I$. つまり，$\widetilde{J} = I$.

補題 5.4 仮定 II のもとで $K[a] \subset L$ は体である．

証明 $0 \neq b \in K[a]$ とする．b が $K[a]$ に逆元を持つことを示せばよい．b から生成される環 $K[a]$ のイデアル (b) を考えると
$$0 \subsetneq (b) \subset K[a]$$
である．補題 5.3 より $(b) = K[a]$. 特に $1 \in (b)$ であるので，
$$1 = cb, \quad c \in K[a]$$
となる元 c，つまり b の逆元 c が存在する．

I の場合，元 a は K 上超越的，あるいは，拡大 $K(a)/K$ は単純超越拡大であるという．II の場合，元 a は K 上代数的，あるいは，拡大 $K(a)/K$ は単純代数拡大であるという．

今までの考察をまとめると次のようになる．
(A) a が K 上超越的であれば，$K(a)$ は 1 変数有理関数体 $K(x)$

と同型である．

次に a が代数的な場合について述べる．

(B) a の K-係数の有理式は，K-係数の多項式 $\sum_{\text{有限和}} c_i a^i$ で表わすことができる．なぜなら
$$K(a) = K[a]$$
であるからである．

(C) これらの多項式全体の計算は
$$K[x]/(\varphi(x)) \simeq K[a]$$
なので，多項式の $\mathrm{mod}\, I = \mathrm{mod}(\varphi(x))$ による計算に他ならない．

(D) 特に，$\varphi(x)$ の次数を n とすると，すべての多項式 $f(x) \in K[x]$ は
$$\sum_{k=0}^{n-1} c_k x^k, \quad c_k \in K$$
と $\varphi(x)$ を法として合同である．したがって
$$K[a] = \left\{ \sum_{k=0}^{n-1} c_k a^k \,\middle|\, c_k \in K,\ 0 \leq k \leq n-1 \right\}$$
となる．また，この表示の方法は一意的である．したがって，
$$n = K\text{-ベクトル空間 } K[a]\ (= K(a)) \text{ の次元}$$
である．

K-ベクトル空間 $K(a)$ の次元を，体の拡大 $K(a)/K$ の拡大次数とよび，$[K(a):K]$ で表わす．したがって，$n = [K(a):K]$ が成り立つ．

$\varphi(x)$ は $K[x]$ の既約多項式である．$\varphi(x)$ を体 $K(a)$ の定義多項式とよぶ．

代数的元 a の K 上の定義多項式 $\varphi(x) \in K[x]$ は $\varphi(a) = 0$ となる，0 と異なる次数最小の多項式であった．

定義多項式について，いくつかの注意が必要である．

命題 5.6 定義多項式 $\varphi(x)$ は定数倍を除いて，一意的に定まる．

証明 なぜなら，$\varphi_1(x), \varphi_2(x)$ を 2 つの定義多項式とする．定義より
$$\deg \varphi_1(x) = \deg \varphi_2(x) = n$$
である．ここで，$\deg f(x)$ で多項式 $f(x)$ の次数を表わす．さて，$0 \neq c \in K$ を選んで多項式 $c\varphi_1(x) - \varphi_2(x)$ の n 次の係数を消すことができる．したがって，次の（ⅰ），（ⅱ）のうちいずれかが成立する．（ⅰ）$c\varphi_1(x) - \varphi_2(x) = 0$ である．（ⅱ）$c\varphi_1(x) - \varphi_2(x) \neq 0$ であって，$\deg(c\varphi_1(x) - \varphi_2(x)) < \deg \varphi_1(x) = \deg \varphi_2(x)$．（ⅱ）は起らない．何故ならば，
$$c\varphi_1(a) - \varphi_2(a) = 0 - 0 = 0$$
であるので，$c\varphi_1(x) - \varphi_2(x) \in I$ であり，
$$\deg(c\varphi_1(x) - \varphi_2(x)) < \deg \varphi_1(x) = \deg \varphi_2(x) = n$$
であるからである．故に $c\varphi_1(x) - \varphi_2(x) = 0$ である．

つまり，$\varphi_2(x)$ は $\varphi_1(x)$ の c 倍である．

命題 5.7 定義多項式 $\varphi(x)$ は $K[x]$ の既約多項式である．

証明 もしそうでなければ
$$\varphi(x) = \lambda(x)\mu(x), \quad 0 \neq \lambda(x), \mu(x) \in K[x],$$
$$\deg \lambda(x), \deg \mu(x) < \deg \varphi(x),$$
と因数分解できる．
$$0 = \varphi(a) = \lambda(a)\mu(a)$$
であるので，$\lambda(a) = 0$ または $\mu(a) = 0$．いずれにせよ $\varphi(x)$ は，$\varphi(a) = 0$ となる次数最小の多項式であったのに矛盾する．

以上より次が分かった．

命題 5.8 既約多項式 $0 \neq f(x) \in K[x]$ を考える．$f(a) = 0$ であるならば，$0 \neq c \in K$ が存在して
$$f(x) = c\varphi(x)$$
である．つまり，$f(x)$ は a の K 上の定義多項式 $\varphi(x)$ と定数倍を除いて一致する．

証明 $f(a) = 0$ であるので，$f(x) \in I = (\varphi(x))$．故に，$f(x) = g(x)\varphi(x), g(x) \in K[x]$ と書ける．一方，$f(x)$ は既約であるので，$g(x) = c \in K$，すなわち $g(x)$ は定数である．

つまり，K 上代数的な元 a の定義多項式 $\varphi(x)$ は，$f(a) = 0$ となる既約多項式 $f(x) \in K[x]$ に他ならない．

さて，L_1/K，L_2/K を体 K の2つの拡大とする．体の同型写像 $\psi: L_1 \to L_2$ で，$\psi(u) = u$ が K の任意の元 u について成り立つものが存在するとき，拡大 L_1/K と L_2/K は K-同型であるといい，$L_1 \simeq_K L_2$ で表わす．

命題 5.9 体 K の単純超越拡大はすべて互いに同型である．

実際，どの単純超越拡大 L/K も1変数有理関数体 $K(x)$ と K-同型であったからである．

単純代数拡大については，次のことが成り立つ．

命題 5.10 $K(a)/K$，$K(b)/K$ を2つの単純代数拡大とする．a, b に関する次の条件は同値である．

(1) $\psi(a) = b$ となる K-同型写像 $\psi: L_1 \to L_2$ が存在する．

(2) 既約多項式 $\varphi(x) \in K[x]$ が存在して，$\varphi(a) = \varphi(b) = 0$ となる．

証明 準同型写像 $K[x] \to K[a]$, $K[x] \to K[b]$ の核を各々 I_a, I_b で表わす．$\varphi_a(x)$, $\varphi_b(x) \in K[x]$ を a, b 各々の定義多項式とすれば，$I_a = (\varphi_a(x))$, $I_b = (\varphi_b(x))$ である．

(1) $\Rightarrow$ (2) を示す．条件 (1) を満たす K-同型写像 $\psi: L_1 \to L_2$ が存在すれば，図式
$$\begin{array}{ccccc} K[x] & \to & K[x]/I_a & \simeq & K[a] \\ \| & & & & \downarrow \psi \\ K[x] & \to & K[x]/I_b & \simeq & K[b] \end{array}$$
は可換であり，よって，$I_a = I_b$.
既約多項式 $\varphi_a \in I_a = I_b$ であるので，$\varphi_a(a) = 0$ かつ $\varphi_a(b) = 0$.
次に (2) $\Rightarrow$ (1) を示す．条件 (2) をみたす多項式を $\varphi(x)$ があれば，命題 5.8 により $I_a = (\varphi(x))$, $I_b = (\varphi(x))$ である．

したがって，$I_a = I_b$ であり，K-同型
$$K[a] \simeq K[x]/I_a = K[x]/I_b \simeq K[b]$$
が存在する．

拡大体 L/K を考える．$a, b \in L$ を K 上代数的な元とする．a を b に写す K-同型 $K[a] \simeq_K K[b]$ が存在するとき，部分体 $K(a)$ と $K(b)$ は K 上共役であるという．またこのとき，元 a と b は K 上共役であるという．

命題 5.11 K 上代数的な 2 つの元 $a, b \in L$ を考える．次の条件は同値である．

(1) a の K 上の定義多項式と b の K 上の定義多項式が定数

$c \in K$ 倍を除いて一致する.
(2) 既約多項式 $f(x) \in K[x]$ が存在して, $f(a) = f(b) = 0$ となる.

これは, 命題 5.10 の帰結である.

これまでは, 拡大体 L/K が存在するとして, K 上代数的元 $a \in L$ を考え, 定義多項式 $\varphi(x) \in K[x]$ を得たのであった. しかし, 発想を逆転させることもできる.

命題 5.12 体 K を係数とする既約多項式 $0 \neq f(x) \in K[x]$ を考える. このとき, 拡大体 L/K の元 $a \in L$ であって, 次の条件をみたすものが存在する.
(1) 元 a は K 上代数的である.
(2) a の K 上の定義多項式は $f(x)$ である.

証明 今までに示した論法により, 次のことが示せる. (ⅰ) 既約多項式 $f(x)$ の生成するイデアル $(f(x)) \subset K[x]$ は素イデアルである. (ⅱ) $K[x]/(f(x))$ は体である. $L = K[x]/(f(x))$ と置けば, L は K の拡大体であり, $a \in L$ として x の剰余類 $\bar{x} \in K[x]/(f(x))$ をとる. このとき, $f(a) = f(\bar{x}) = \overline{f(x)} = 0 \in K[x]/(f(x))$ である.

例 5.4 ガウスの数体 $\mathbb{Q}(\sqrt{-1})$ は有理数体 $K = \mathbb{Q}$ の拡大体である. $\sqrt{-1}$ は $\mathbb{Q}$-係数の既約多項式 $x^2 + 1 = 0$ の解であるので, $\sqrt{-1}$ は $\mathbb{Q}$ 上代数的であり, $x^2 + 1 = 0$ はその定義方程式である.

複素数体 $\mathbb{C}$ を知らなくても, 既約多項式 $x^2 + 1 \in \mathbb{Q}[x]$ のみから出発して, イデアル $(x^2 + 1)$ による $K[x]$ の剰余環
$$\mathbb{Q}[x]/(x^2 + 1)$$

を考察すれば，
$$\mathbb{Q}[x]/(x^2+1) \simeq \mathbb{Q}[\sqrt{-1}] = \mathbb{Q}(\sqrt{-1})$$
となるのである．ガウスは当時，議論の対象となった $i^2 = -1$ なる数 i を導入するのを避け，剰余環 $\mathbb{Q}[x]/(x^2+1)$ を構成した．そのことにより，虚数 $i^2 = -1$ を導入することが単なる空想の産物ではなく，はっきりとした数学の研究対象であることを示したのである．

5.7 体の拡大次数

体の拡大 L/K を考える．K-ベクトル空間 L の次元が有限であるとき，その次元を体の拡大 L/K の拡大次数とよび，$[L:K]$ で表わす．

命題 5.13 体の拡大の列 L/M, M/K を考える．したがって $L \supset M \supset K$ である．K-ベクトル空間 L の次元が有限であると仮定する．このとき，等式
$$[L:K] = [L:M][M:K]$$
が成り立つ．

証明は [K], [MY], [W] 参照．

5.8 アイゼンシュタインの判定法

整数係数の多項式
$$F(x) = a_0 x^n + a_1 x^{n-1} + \cdots + a_n \in \mathbb{Z}[x]$$
を考える．次の3つの条件をみたす素数 p が存在すると仮定する．
(1) a_0 は p で割り切れない．

(2) $a_1, a_2, \cdots, a_n$ は p で割り切れる．

(3) a_n は p^2 で割り切れない．

このとき，多項式 $F(x)$ は $\mathbb{Q}[x]$ で既約である．

証明は[K], [MY], [W]参照．

5.9 犯人潜伏中

私は片付けるのが苦手である．「掃除と整頓に熱中するとストレス解消になります」というような人に出会うと，うらやましく思ってしまう．家にあるはずの本が見つからないなどということは日常茶飯事である．

例えば，夏目漱石の名作「坊っちゃん」のある部分が見たいとする．「坊っちゃん」は何十年も前に購入して，捨てたわけではないので家にあるはずである．定理で述べれば次のようになる．

定理 「坊っちゃん」は家の中にある．

この定理は「坊っちゃん」が家の中に存在することを保障している．このように存在を保障する定理を存在定理という．

しかし，私にはこれを見つける手立てがないのである．手立てのことをアルゴリズムという．

私の悩みは家にある「坊っちゃん」を発見するアルゴリズムを知らないということになる．このような場合は図書館に行くことにしている．新たに購入しても，すぐに行方不明になるに決まっているからである．その点図書館は偉大である．忘れずに期限までに返却すれば，元の場所に本は戻っていく．

犯人検挙でも同様である．「犯人は関東地方に潜伏しています」というのは存在定理であって，警察の大変なところは，逮捕するアル

ゴリズムを作って実行しなければならない点にある．

上の例から分かるように，存在定理よりもアルゴリズムの方が強力である．しかし，現実には存在定理のみで我慢しなければならないこともある．

次の例を考えよう．x を実数とする．x が整数係数の代数方程式
$$a_0 x^n + a_1 x^{n-1} + \cdots + a_n = 0, \quad a_0 \neq 0, \quad n \geq 1$$
の解となるとき，実数 x は代数的数であるという．例えば，$x = 3$ は，整数係数の代数方程式
$$x - 3 = 0$$
の解だから代数的数である．

同様に，任意の整数は代数的数である．

$x = \dfrac{1}{2}$ も，整数係数の代数方程式
$$2x - 1 = 0$$
の解であるので，代数的数である．全く同じ理由で，任意の有理数 m/n ($n \neq 0$, $m, n \in \mathbb{Z}$) は代数的数である．

次に $x = \sqrt{2}$ を考えると，$\sqrt{2}$ は有理数ではない．つまり $\sqrt{2}$ は整数の商 m/n と表示できない．$\sqrt{2}$ は無理数である．しかし，整数係数の代数方程式
$$x^2 - 2 = 0$$
の解となるので，無理数 $\sqrt{2}$ もやはり代数方程式である．それでは，代数的数でない数は，そのような数を超越数と呼ぶ，どのような数なのであろうか．

円周率 π や，自然対数の底
$$e = \lim_{n \to \infty} \left(1 + \frac{1}{n}\right)^n$$
は超越数なのであるが，これが証明されたのは比較的新しいことな

のである．

1844 年にリューヴィルは

$$1.10100100001000000001\cdots\cdots$$

が超越数であることを示した．この数では 1 の間に入る 0 の個数が 1, 2, 4, 8 と次々と倍になっていくのである．これが，具体的な超越数の最初の例となったのである．

リューヴィルの例は貴重であるが，不自然な感じがすることは否定できない．もっと具体的な例はないものかという疑問は残る．

e の超越性は 1873 年にエルミートが，π についてはリンデマンが 1882 年に証明した．

一方，集合論を創ったカントールは巧みな方法で，超越数の方が代数的数よりも圧倒的に沢山存在することを証明した．カントールの定理は超越数の存在を保証するので存在定理である．

有理数に代表される代数的数はどこにでもころがっているが，超越数の方が圧倒的に多いのである．この意味の数学的に厳密な記述を与えるのは準備が必要なのでしないが，たとえ話をすれば感覚的には次のようになる．

数全体を人間全体に置き換える．人間全体の中で，ほとんどすべての人々は「まとも」であり，正常である．つまり，ほとんどの人は超越数であるということである．しかし，一方で日常体験から「変な人」は少数であるが，どこにでもいることを知っている．

ある特定の人が変っているか，正常であるか決めるのが困難なように，具体的な数が，例えば π とか e が，超越数であることは別の難しい問題なのである．

ヒルベルトは 1900 年にパリで開かれた第 2 回国際数学者会議で，ヒルベルトの問題とよばれる 23 の数学の問題を提出し，20 世紀の数学の進むべき方向を示唆した．その中の第 7 問題で，具体的な数 $e^\pi = \sqrt{-1}^{-2\sqrt{-1}}$, $2^{\sqrt{2}}$ 等の超越性を証明することを挙げている．

この例について超越数であることが後に証明されたが，この方面の研究は現在も続いている．

5.10　数学の堕落

18世紀の終りまで，数学における存在定理はあまり多くはなかった．その中で代表的なものは，代数学の基本定理である．

> **代数学の基本定理**　x を未知数，複素数 $a_0, a_1, \cdots, a_n$ を係数とする代数方程式
> $$a_0 x^n + a_1 x^{n-1} + \cdots + a_n = 0, \quad a_0 \neq 0, \quad n \geq 1$$
> は，複素数解 $x = \xi$ を持つ．つまり，
> $$a_0 \xi^n + a_1 \xi^{n-1} + \cdots + a_n = 0$$
> となる複素数 ξ が存在する．

この定理は解 ξ の存在を述べているだけで，それを求める方法については何も言及していないのである．

ガウスは何かが存在すれば，それはどのようなものであるか，具体的に計算してそれを求めるにはどうしたらよいのか，アルゴリズム追求の指向の特に強い数学者であった．しかし，ガウス(1777-1855)の時代を境にして，その後数学の概念化が進行した．ルネサンス以降18世紀までのヨーロッパの数学における定理の多くは等式で記述されており，その証明は計算をして等式を確かめることであった．多様体，リーマン面，P-関数等を導入して数学の概念化をして現代数学に最も大きな影響を与えたのはリーマン(1826-1866)である．

概念化とともに数学は本来の力強さを失い，数学の堕落が始まったという人もいる．

しかし，19 世紀の終りに多項式環 $\mathbb{C}[x_1, x_2, \cdots, x_n]$ の任意のイデアルが有限生成であることを証明し，概念化の旗手であると考えられるヒルベルトでさえも，イデアルの有限生成性を示した著名な論文で，生成元の個数を問題にしているので，この時代に「数学が堕落した」という意見は必ずしも公正ではないかもしれない．その後も数学の堕落は 20 世紀に一層進行したと思われる．

ところが時代は変わって，20 世紀の注目すべき出来事として，コンピュータのすばらしい発展がある．携帯電話に代表されるコンピュータの小型化，高性能化には目を見張るものがある．社会に与える影響の大きさは，グーテンベルクの印刷術の発明以上だという人もいる．当然数学もそれに無縁ではない．

コンピュータを使って計算することによって，オイラー，ガウスといった計算の名手でなければ，手計算によって見ることができなかった世界を一般の数学者でもコンピュータのお陰で垣間みることが可能になった．

数学者には悪い癖があって，自分が頭がよいことを自慢したがるそうである．苦痛を伴う計算の結果，事実を発見し，苦労の果てにそれを定理として証明しても，工事が終了すれば足場を取り払い，何もなかったような顔で，新築の建造物を見せるというのである．そう言われてみればそうかもしれない．とにかく，数学者が，ゴミ箱に消えていく沢山の計算を，実験と言ってもよい，していることは事実である．コンピュータの発達は，数学者に高性能の天体望遠鏡を与えてくれたようなものである．それによって，遠く離れた天体を観測し，現実がどうなっているのか見ることができるようになったのである．それに伴って，20 世紀の終り頃から再び計算のアルゴリズムに関心を持つ人が増えてきた．

5.11 ユークリッドの原論

　ギリシアの数学を集大成し，後世に伝えたのがユークリッド（紀元前 323 – 283）の「原論」(Elements) である．この著作はアレキサンドリアで書かれた．少数の自明と考えられる公理から出発して，演繹，つまり論証によって体系を構築する方法は，その後のヨーロッパにおいて，科学のみならず，哲学を始めとするあらゆる学問の理想となったのである．

　スピノザ (1632 – 1677) が「倫理学」を書いたときも，ニュートンの「プリンキピア」，ブルバキの「数学原論」，ギリシアおよびルネサンス以降の代数幾何学の総決算ともいうべきグロタンディエク，デュドネの「代数幾何学原論」もすべてユークリッドの「原論」を意識して書かれている．

　スピノザが倫理学において論じたのは幸福についてであった．倫理学において，人間の自由，幸福とは何か，どうしたら幸福になれるかを証明したかったのである．そのためには神が存在して，唯一であること，また神とはどんなものであるかを，ゆるぎのない体系の中で示す必要があった．その必然の結果として，幸福とは何であるか，それに至るどのような道があるかが示されるのである．一言で言えば，不完全な存在である人間の自由と幸福は，神を正しく認識することにあると結論する．このために「原論」の形式にのっとって，説得力のある論理を展開する必要があったのである．

　ニュートンの「プリンキピア」(1684 年) は古典力学が，力学の法則に還元されること，さらにこの原理のみ認めれば，演繹，つまり数学，具体的には彼の発見した微分積分学によって，地上の物体の運動も，天体の動きも説明できることを示したのである．それまで地上の現象と星の運行とは全く別のものと考えられていたので，

24歳の青年による地上と天上を統一する原理の発見は革命的なものであった．作品に権威を与えるために，体系化された記述の手本とされる「原論」の形式を採用したのである．

これは人類にとって偉大な発見であり，近代産業の多くは，古典力学，微分積分学の応用である．そのため，理系の学生は今でも，大学に入学すると微分積分学を学ぶことになる．

ブルバキの「数学原論」とグロタンディエク，デュドネの「代数幾何学原論」はもっと直接的にユークリッドの「原論」を意識している．ブルバキの出発点は，20世紀にこれまでの数学を統一的な立場から再編して，ユークリッドの「原論」のように，全世界に2千年以上にわたって影響を与えたかったのであろう．

「代数幾何学原論」はギリシアに始まり，ルネサンス以降の代数及び幾何学をすべて集大成しようと企てたのである．

「数学原論」も「代数幾何学原論」も未完に終った．ただこれらの作品は，風の吹き抜ける廃墟のようになっているのではない．特に後者については，現在も読まれ引用され続けている．

さらにはフロイトが精神分析学をつくったとき，将来この科学がユークリッドの「原論」のような，ゆるぎのない体系に育っていくことを願ったに違いない．

ユークリッドの「原論」の与えた影響はヨーロッパの外でも大きく，日本でも20世紀の半ばまで，その一部が教科書として使われていた．

5.12 彼は既に死んでいる

私が大学に入学した次の年である1963年に，名古屋大学で数学の講演会があった．講演者は当時，将来を期待された新進気鋭の

トポロジストであった．残念なことに私は講演会があることに気が付かず，講演を聴くことができなかったが，感動的な講演であったという．

その主旨は「20世紀の数学の最大の成果はヒルベルトの公理主義である」ということであったという．

現在，この意見に賛成する人はいない．ヒルベルトに基づき，数学を基礎原理から再構成しようとするブルバキも計画を放棄した．そもそも，ヒルベルトの公理主義が，彼の最大の功績であるかも疑問である．

最後にカルチエに登場して頂こう．彼が晩年のヴェイユに会った時の話である．

> ヴェイユは「私が死んでも，ブルバキは残ると信じている」と言った．私(カルチエ)は「ブルバキは既に死んでいます」と答えた．ヴェイユは不可解な表情をした．恐らく彼は私の言っていることが理解できなかったのであろう．

誤解を生じないために説明が必要である．ヴェイユ，デルサルト，デュードネ等のブルバキ創始者をブルバキの第1世代と呼ぶことにすれば，カルチエはブルバキの第2世代を代表する数学者である．彼の執筆したブルバキの著作も多い．特に，よく書けていると言われるリー群，リー環論はカルチエが書いたと言われている．

さらに，ヴェイユはカルチエの先生であり，カルチエはヴェイユを尊敬している．

5.13 ユークリッドのアルゴリズム

「原論」に書かれているのは，主としてユークリッド幾何学とよば

れる平面幾何学であるが，円錐曲線論，正多面体論，無理数論もある．ギリシアの数学＝体系化された幾何学というイメージが強いが，これは極端な単純化なのであろう．

これから説明するユークリッドのアルゴリズム，ユークリッドの互除法とも呼ばれる，も全く幾何学とは関係ない．しかし，世界最古のアルゴリズムであり，極めて洗練されたものであることは注目に値する．

中学校で2つの正整数の最大公約数，最小公倍数を学ぶ．a, b を2つの正整数とする．このときに，a, b の最大公約数を求めるのにはどうすればよいかを考える．私の記憶をたどれば，昔次のように教わった．素数 $p = 2, 3, 5, \cdots$ で，a, b を割ってみて，a, b に共通の約数となる素数 p を順次見つける．つまり，a, b を素因数分解するのである．

例えば $a = 20$，$b = 12$ であれば，
$$20 = 2^2 \times 5, \quad 12 = 2^2 \times 3$$
であるので，20と12の最大公約数は4である．この過程を分析すれば，a, b の素因数分解をすれば最大公約数が求まるということになる．

ユークリッドのアルゴリズムは次のように教えている．
$$20 = 12 + 8,$$
$$12 = 8 + 4,$$
$$8 = 2 \times 4 + 0.$$
故に20と12の最大公約数は4であるというのである．順次説明しよう．まず $a_1 = 20, a_2 = 12$ とおく．20を12で割り，その余り $a_3 = 8$ を得る．
$$20 = 1 \times 12 + 8, \quad a_1 = 1 \times a_2 + a_3.$$
次に $a_2 = 12$ を $a_3 = 8$ で割って，余り $a_4 = 4$ を得る．
$$12 = 1 \times 8 + 4, \quad a_2 = 1 \times a_3 + a_4.$$

これと同じことを，$a_3 = 8$ と $a_4 = 4$ について行うと，$a_3 = 8$ は $a_4 = 4$ で割り切れるので，余り $a_5 = 0$ である．

$$8 = 2 \times 4 + 0, \quad a_3 = 2a_4 + 0.$$

$a_5 = 0$ であるので，その前に出現した $a_4 = 4$ が a_1 と a_2 の最大公約数である．

$a = 20, b = 12$ の特別な場合でなく，一般的な記述をしよう．

その前に準備をしておく．正の整数 a, b が与えられたとき，a, b から生成される有理整数環 $\mathbb{Z}$ のイデアル $I = (a, b)$ を考える．したがって，

$$I = \{ma + nb \mid m, n \in \mathbb{Z}\}$$

である．有理整数環 $\mathbb{Z}$ のイデアル I は，1個の元 $d \in \mathbb{Z}$ から生成されるので

$$I = (d) = \{ld \mid l \in \mathbb{Z}\}$$

と書ける．$d > 0$ と仮定してよい．

$$a, b \in I = (d)$$

であるので，$a', b' \in \mathbb{Z}$ が存在して，

$$a = a'd, \quad b = b'd$$

と書ける．したがって，d は a と b の公約数である．一方，

$$d \in I = \{am + bn \mid m, n \in \mathbb{Z}\}$$

であるので，整数 m, n が存在して，

$$ma + nb = d$$

となる．よって，a, b の公約数を d' とすると d' は d を割り切る．実際に $a = a''d', b = b''d', a'', b'' \in \mathbb{Z}$ と書ける．

これを上の式に代入すると，

$$ma''d' + nb''d' = d,$$
$$(ma'' + nb'')d' = d$$

となり，d' は d の約数である．したがって，d は a と b の最大

公約数である．

一般的に記述しよう．

命題5.14 a, b を 0 と異なる整数とする．$a_1 = a$, $a_2 = b$ とおく．a_1 を a_2 で割った余りを a_3 とする．
$$a_1 = n_1 a_2 + a_3.$$
ここで，$n_1 \in \mathbb{Z}$, $a_3 \in \mathbb{Z}$ であって $0 \leq a_3 \leq |a_2| - 1$．
$a_3 \neq 0$ ならばこの操作を a_2, a_3 について繰り返す．

$a_2 = n_2 a_3 + a_4$, $n_2 \in \mathbb{Z}$, $a_4 \in \mathbb{Z}$ であって $0 \leq a_4 \leq a_3 - 1$．

それ以降も同様に，$a_5, a_6, \cdots$ を決める．ただし $0 \leq a_3 \leq |a_2| - 1$, $0 \leq a_4 \leq a_3 - 1, \cdots$ であるので，整数 $l \geq 3$ が存在して，$a_{l-1} \neq 0$, $a_l = 0$ となる．このとき，a_{l-1} が $a = a_1$, $b = a_2$ の最大公約数である．

証明の前に次の補題に注意するとよい．

補題5.5 g, h, i, j を整数とする．
$g = hi + j$ と仮定する．このとき $(g, i) = (i, j)$ である．

ここで (a, b) は $a, b \in \mathbb{Z}$ から生成される $\mathbb{Z}$ のイデアルである．

補題の証明 $(g, i) \subset (i, j)$ を示す．(g, i) は g と i を含む最小のイデアルであるので，そのためには，$g \in (i, j)$, $i \in (i, j)$ を示せばよい．後者は自明であるので，前者を示せばよい．$g = hi + j$ であるので，$g \in (i, j)$ である．次に $(g, i) \supset (i, j)$ を示す．$(g, i) \ni i, j$ を示せばよいが，$(g, i) \ni i$ は自明であるので，$(g, i) \ni j$ を示せばよい．$g = hi + j$ であるので，
$$g - hi = j \text{ であり，} j \in (g, i)$$
である．したがって，$(g, i) = (i, j)$ である．

補題を使えば命題は次のように簡単に証明できる．

証明　$a_{l-2} = n_{l-2} a_{l-1}$
であるので，補題 5.5 によって $\mathbb{Z}$ のイデアルについて
$$(a_1, a_2) = (n_1 a_2 + a_3, a_2)$$
$$= (a_2, a_3) = \cdots = (a_{l-2}, a_{l-1}) = (a_{l-1}).$$

次の例を見れば，ユークリッドのアルゴリズムが効果的なのがわかる．

例 5.5　10001 と 9993 の最大公約数を求める．
$$10001 = 9993 + 8,$$
$$9993 = 1249 \times 8 + 1,$$
$$8 = 8 \times 1 + 0.$$
したがって，最大公約数は 1，つまり，10001 と 9993 は互いに素である．

5.14 計算の効率

ユークリッドのアルゴリズムの効率については次のことが知られている．正整数 a, b の桁数が N であるとすると，ユークリッドのアルゴリズムによって a, b の最大公約数を求める演算の回数は約 $5N$ 以下である．したがって例えば a, b が 100 桁ならば，せいぜい 500 回程度の演算で最大公約数が求まる．

一方，素因数分解による方法では，演算の回数が N の指数関数で増加し，$N = 100$ であるならば，必要な演算の回数 l はほぼ 10^{20} 回で上から評価できる．つまり，$l < 10^{20}$ である．500 と 10^{20} を比べれば分かるように，桁数が大きくなると素因数分解に比較して，ユークリッドのアルゴリズムの方がはるかに効率がよくなる．

参考文献

特異な生涯を送ったガロアを主題にした著作が多いのは当然であろう．[KG] は線形微分方程式のガロア理論を論じた味わい深い名著である．[I] はガロアの業績を通じて数学，文化全体を概観する力作である．新しいものでは [KT] がある．

本書で使った数学の知識は，代数学の標準的な教科書，例えば [K]，[MY] に解りやすく説明されているので，予備知識を補充したい人にお薦めする．

本格的に代数学を勉強したい人には [W] を勉強されることをお薦めする．E. アルティンと E. ネーターの講義のノートに基づく，20世紀初頭に書かれた古典と言うべき名著である．残念なことに日本語訳 [W] は絶版になってしまっているようである．英語版 [WR]（原典はドイツ語）はインターネットでも容易に購入できるので，是非挑戦してほしい．[W] を読むのに特別な予備知識は要らない．大学1年生なら十分読めるし，センスの良い高校生ならば，理解できる．

[A] エミール・アルティン著, 寺田 文行 訳, ガロア理論入門, ちくま学芸文庫, 2010.

[I] 彌永昌吉, ガロアの時代 ガロアの数学 I, II, シュプリンガー数学クラブ, 第 I 部, 1999, 第 II 部, 2002.

[U] 梅村 浩, 楕円関数論 — 楕円曲線の解析学, 東京大学出版会, 2000.

[K] 桂 利行, 代数学 I 群と環, II 環上の加群, III 体とガロア理論, （大学数学の入門), 東大出版会, 各巻の出版年は, 2004, 2007, 2005.

［KT］加藤文元，ガロア —— 天才数学者の生涯，中公新書，2010.

［KG］久賀道郎，ガロアの夢 —— 群論と微分方程式，日本評論社，1968.

［S］イアン・スチュアート著，雨宮一郎 訳，数学の冒険，紀伊国屋書店，1990.

［T］髙木貞治，近世数学史談・数学雑談，共立出版，1996,

［T1］解析概論，岩波書店，2010.

［D］P.Dupuy, La vie d'Evariste Galois, Annales Scientifiques de l'Ecole Normale Supérieure, t. XIII, 1896.（日本語訳，辻 雄一 訳，ガロア，東京図書，1972，絶版.）

［M］D. Mumford, Tata Lectures on Theta II, Birkhäuser, 1984.

［MY］三宅敏恒，入門代数学，培風館，1999.

［W］ファン・デル・ヴェルデン 著，銀林 浩 訳，現代代数学 I, II, III, 東京図書，各巻の出版年は，1959, 1959, 1960, 絶版.

［WR］B.L. van der Waerden, Algebra I, II, Springer, 2003.

索引

あ行

IHES 19, 153 〜 155, 165 〜 169

アイゼンシュタインの判定法
      106, 237

曖昧さ 53, 54, 66, 112

アルゴリズム 238, 239

EGA＝代数幾何学原論 152, 161,
      243, 244

位数 81, 85, 91, 108, 115, 187,
      192, 193

イデアル 67, 86, 210

彌永昌吉 53, まえがきの第1ページ,
      参考文献

イリュジー 165

インフェルト 55

ヴェイユ, アンドレ 62, 109, 143, 152,
      153, 172, 245

ヴェイユ, シモーヌ 109, 110

ヴェッシオ 59, 124, 143, 144,
      150, 160, 162, 164

エコール・ノルマル・シュペリュール
    12, 14 〜 18, 30, 44, 110

エコール・ポリテクニーク
  ＝ポリテクニーク
    10, 13 〜 15, 19 〜 23, 30,
    41 〜 43, 59, 163

SGA 154, 155, 165

エルミート 118, 240

円分体 96, 98, 117

円分方程式 81, 91, 92, 108, 111

オイラー 108, 109, 242

王政復古 24, 26, 35, 39, 41, 44, 55

か行

ガウス 6, 58, 61, 107, 241, 242

ガウスの数体 236

可換 96, 131, 183, 201

可換群 97, 182, 193, 196

核 162, 200

拡大次数 91, 113, 232,

拡大体 84, 227

角の3等分 106

カッツ 127, 173

ガブリエル 154

加法群 182

カルタン, エリー 62, 125, 144, 160

カルチエ 5, 110, 153, 160, 161,
      162, 173, 245

ガロア, エヴァリスト 2, 11, 12,
      34 〜 63

ガロア, ニコラ・ガブリエル 3, 17, 35

ガロア拡大 87, 88

ガロア群 54, 68 〜 69, 71 〜 73,
  75 〜 77, 80 〜 87, 88 〜 92, 94,
  96 〜 98, 108, 111, 113, 116, 118,
  131 〜 132, 135 〜 137, 138, 141,
  151, 156, 168

ガロア圏 155

ガロア対応 91, 92
ガロア理論 42, 53, 54, 59, 62, 66, 85, 86, 88, 91, 101, 114, 118, 123〜125, 132, 135, 139, 143, 144, 150, 151, 155, 160〜165, 167, 169, 170, 172, 173
環 204
還元不能 148〜151
環準同型写像 209, 217
奇置換 199
キュリー夫人 10
極大イデアル 220
ギリシア 36, 58, 100, 110, 111, 243
偶置換 199
久賀道郎 まえがきの第1ページ, 参考文献
グラン・ゼコール 12
グロタンディエク 123, 152, 160〜162, 165, 166, 173
クロネッカー 118
群 62
交代群 186
コーシー 15, 42
原論 111, 243, 244, 245
交代群 115, 186
交代式 187, 188
合同式 210, 216
恒等写像 178
国民軍 47, 48
5次方程式 113, 118
ゴッドマン 152
コルチン 125
コワレフスカヤ 7

コンドルセ 16
コンピュータ 242

さ行

サーヴェドラ 155, 173
作図 6, 58
ザリスキ 153
サン・シモン 45
サンド 9〜11
ジェラール 163, 164
指数 192, 194
7月革命 25
写像 176, 178
シャルル10世 25
定規とコンパス 58, 100
剰余環 216
剰余群 196
剰余類 191
ジュアノル 154, 155
シュヴァリエ 44, 45, 47, 50〜53
シュヴァルツ 152
集合 176
巡回群 190
準同型 197
準備学校 15, 42
商体 225
ショパン 4, 5〜11, 48
人権宣言 14, 27
数学原論 243, 244
ステファニー・デュモテル 49
スピノザ 243
整域 130, 207
正規部分群 95, 193

正17角形 6, 58, 83, 108, 112
制約 83, 136, 138, 142,
セール 5, 6, 18
線型微分方程式 67, 131
素イデアル 218
存在定理 238

た行

体 73, 204
対称群 73
代数拡大 231
代数学の基本定理 241
代数幾何学原論＝EGA 243
代数群 133
代数微分方程式 146
代数方程式 135, 189
楕円曲線 127, 135
楕円積分 6, 119
高木貞治 まえがき第1ページ, 53, 参考文献
多項式環 67, 207, 222
ダルブー 126
単位要素 207
単純拡大 228
単純群 115
淡中圏 155, 157
置換 75, 183
中間体 91
超越拡大 231
超越数 148, 239, 240
超幾何微分方程式 127
定義多項式 232
デデキント 58, 86, 153

デュードネ 152, 245
デュピュイ 11, 59
デルサルト 152, 245
同型 76, 79, 95, 97, 99, 115, 140, 200, 202
ドゥマジュール 154
ドラック 124, 150, 162

な行

永田雅宜 153, 162
ナポレオン 14, 24, 31
ナンシー 152
ニュートン 60, 144, 243
ネーター 83
野口英世 66

は行

パンテオン 10
判別式 136
パンルヴェ 62, 148〜150
パンルヴェ方程式 139, 146, 148
$\wp$ - 関数 147
ピカール 58, 59, 124
非線型微分方程式 139, 151, 160
微分ガロア理論 123, 124, 125, 163, 169, 172
微分環 129
微分体 129
ヒルベルト 58, 240, 242, 245
ピレー 169
フェルマの最終定理 158
部分環 209
フーリエ 17, 43

フェルマ素数 109, 111
部分群 185
フランス革命 8, 13
ブリュア 152
ブルバキ 62, 152, 245
フロイト 4, 244
ベートーベン 11
ベルトラン 169
ポアソン 15, 41, 56
ポアンカレ 15, 126
ポマレ 125, 163〜170
ポリテクニーク
　＝エコール・ポリテクニーク
　　　　　　10, 13〜15, 19〜23,
　　　　　　41〜43, 59, 163

ま行

マリーの森 153
マルグランジュ 23, 125, 144, 150,
　　　　152, 164, 165, 167, 168, 170
ミラボー 26
モジュラー関数 119

や行

ユークリッド 111, 189, 243〜245

ら行

ラグランジュ 10, 17, 41, 85
リー 124, 164
リーマン 6, 59, 61, 153, 241
リシュネロヴィッチ 163, 164
リューヴィル, ジョゼフ 148, 240
リューヴィル, ロジェ 148〜150
リオン 152
リンデマン 107, 240
ルイ 18 世 24, 33, 35, 44
ルイ 16 世 24, 25, 29, 35, 44, 47
ルイ・フィリップ 24, 48
ルイ・ルグラン 38, 40
ロベスピエール 26, 151

わ行

ワイエルシュトラス 7, 58

著者紹介：

梅村　浩（うめむら・ひろし）

　1944 年　名古屋に生まれる
　1967 年　名古屋大学理学部数学科卒業
　現　在　名古屋大学名誉教授，
　　　　　　専門は代数幾何学，微分方程式のガロア理論
　著書：楕円関数論 – 楕円曲線の解析学，東京大学出版会，2000 年．

双書⑧・大数学者の数学／ガロア

偉大なる曖昧さの理論

　　　　　　　　　　　2011 年 11 月　9 日　　初版 1 刷発行
　　　　　　　　　　　2013 年　5 月 20 日　　　　　2 刷発行

　　　　　　著　者　　梅村　浩
　　　　　　発行者　　富田　淳
|検印省略|　発行所　　株式会社　現代数学社
　　　　　　〒606–8425　京都市左京区鹿ヶ谷西寺ノ前町1
　　　　　　TEL&FAX 075 (751) 0727　　振替 01010-8-11144
　　　　　　http://www.gensu.co.jp/

ⓒ Hiroshi Umemura, 2011
Printed in Japan　　　　　印刷・製本　　モリモト印刷株式会社

ISBN 978-4-7687-0393-9　　　　落丁・乱丁はお取替え致します．